EVCLIDES.

P A R I S I I S.

Apud Thomam Richardum, sub Bibliis
aureis, è regione Collegij Remensis.

1 5 4 9.

NOBILISSIMO PRINCIPI

Carolo Lotharingo Rhemorum Ar-
chiepiscopo Petrus Ramus
Veromanduus   S.

O M N E S artes, Præful ampliſsime, quæ cognitionem honeſtam , & liberalem ſcientiam continent, allicere ad ſe percipiĕdum animos noſtros debent: ſed mathematicæ imprimis diſciplinæ , in quibus ſi vel immenſam materiam, vel ſummum conſtructionis artificium conſideres: ſic operis elegantia cum materiæ vaſtitate certare videbitur, vt cum ingens rerũ moles admirabilis tibi viſa ſit: te tamen compoſitionis ſplendor multo vehementius oblectet ac retineat attentius. Etenim quid eſt in omni natura tam varium, tamq́ue multiplex, quàm numerorum varietas , atque multitudo ? Quid tam magnum, atque amplum, vel oculis cerni, vel animo cogitari poteſt, quàm terrarum , aquarum , aeris, cœlorum, mundíque vniuerſi magnitudo , atque amplitudo? Atqui hæc materies tã varia, tam multiplex, tam magna, tam ampla mathematicę ſcientiæ propria eſt . Quam tamen incredibilis rerum ordo, diſpoſitióque omni laude longe ſuperat, ac vincit. Hic enim prima mediis , media poſtremis, omniáq; inter ſe , velut aurea quadam Homeri catena ſic vincta, colligatáque ſunt: vt nil aptius , nil compactius, nil firmius eſſe poſsit, poſitis principiis, tanquam ſolidis fundamentis conſequentium

demonſtrationes affirmantur: ab iis deinceps per-
ſpicuè & euidenter conclufis, complexiones aliæ
connectuntur, totaque diſciplinæ deſcriptio ita ſibi coniuncta copulataque eſt: vt ſi vnam literam
moueris, labâtur omnia: nec tamen quicquam eſt,
quod moueri labive poſsit. Quamobrem minime
mirandum eſt Pythagoram, Platonemque huius
admiratione diſciplinæ captos, maius in ea diui-
niuſque quiddam deprehendiſſe: quàm vt huma-
nis ſenſibus tribuendum arbitrarentur. Itaque in
anima tam excellētes notitias ab intelligētiæ primæ ingenitis & æternis exemplis inſitas, & inge-
neratas crediderunt:eique propterea nomen ipſum
plato quaſi reminiſcentiæ, recordationisque(vt
Proclus author eſt)aſſinxerunt: quaſi tanta ſcien-
tia non ab homine inuēta, ſed diuinitus in animis
noſtris impreſſa, recordatione animaduerſarum
rerú paulatim recrearetur. Verumenimuero quàm
longa obliuio, quàm tarda recordatio iſta fuit? Pri
mi iili homines (vt Ioſephus antiquitatis Iudaicæ
ſcriptor ait)Adamus, ſethus, Enus, Noeus vitæ &
longiſſimæ & contemplationi deditiſſimæ bene-
ficio,in hanc recordationem incubuerunt:& ne a-
lia nouæ obliuionis caligine circunfuſa teneretur,
duabus ingētibus colūnis exaratam, deſcriptamq;
ad poſteritatem tranſmiſerunt. Hinc AEgyptii,
Græci, Itali, Siculi, Arabes, Hiſpani, Germani,
Galli, omniumque terrarum populi acceptam ex-
coluerunt,atque amplificarunt. Hinc tot, tamque
excellētia ingenia excitari, Thaletis, Pythagoræ,
Hippocratis, Platonis,Eudoxi,Ptolemei,Euclidis,
Archimedis, aliorumq; innumerabilium cœperūt:

videlicet ad huius mathematicæ recordationis ō-
pus exædificandum,tot fabros,tot architectos ad-
hiberi oportuit, quia non modo non homo vnus,
aut ætas vna:sed vix multa & hominum , & æta-
tum milia ad constituendam tam nobilis, tamíque
præstantis doctrinæ scientiam sufficerent.Quam-
obrem vt publica studia, ad hác cognitionem am-
plexandam, non solum industria, quod afsiduè fa-
cimus,sed etiam facultate librorum, & copia iuua
remus: curauimus excudendas mathesas antiquo-
rum ab Euclide collectas , semotis interpretum &
commentis , & figuris : non quòd interpretes im-
probemus:sed vt neminem sumptus(qui in hos li-
bros antea maior erat,quàm tenues discētium for-
tunæ ferre possent) imposterum à discendo deter-
reat.Si quid autem obscurum fuerit,lōgē commo-
dius viua præceptoris intelligentis oratio , quàm
picta in libris interpretū manus explicabit:quód-
que ad figuras attinet, magis laudabo discipulum
in abaco & puluere figuras sibi demonstratas imi-
tantem , quàm ociose & inutiliter alienas picturas
aspectantem.Quæ ad te merito scribere nobis vi-
demur , in quo non solum disciplinas & virtutes
excellentes admiramur:sed etiam singularem amo
rem in honesta disciplinarum & virtutum promo-
uendarum studia cognoscimus.   Vale.

    5.   Cal.   Febr.   1 5 4 4.

Euclidis elementa

MATHEMATICA.

Diffinitio. I.

SIGNVM, est cuius pars nulla.

2

Linea verò, lōgitudo illatabilis.

3

Lineæ autem limites, sunt signa.

4

Recta linea, est quæ ex æquali, sua interiacet signa.

5

Superficies, est quæ longitudinem latitudinémque tantùm habet.

6

Superficiei extrema, sunt lineæ.

7

Plana superficies, est quæ ex æquali suas interiacet lineas.

8

Planus angulus, est duarum linearum in plano sese tangentium, & non in directo iacentium, ad alterutram inclinatio.

9

Quando autem quæ angulum continent, rectæ lineæ fuerint, rectilineus angulus nuncupatur.

10

Cum vero recta linea super rectam consistens lineam, vtrobique angulos æquales adinuicem fecerit, rectus est vterq; æqualium angulorum : & quæ superstat, recta linea, perpendicularis vocitatur, super quam steterit.

11

Obtusus angulus, maior est recto.

12

Acutus vero, minor est recto.

13

Terminus, est quod cuiusque finis est.

14

Figura, sub aliquo, vel aliquibus terminis comprehenditur.

15

Circulus, est figura plana vna linea contenta quæ circunferentia appellatur, ad quam ab vno signo introrsum medio existente omnes prodeuntes lineæ, in ipsiusque circuli circunferentiam incidentes, adinuicem sunt æquales.

16

Centrum vero, ipsius circuli signũ appellatur.

17

Dimetiẽs circuli, est recta quædã linea per centrum acta, & ex vtraq; parte in circuli circũferẽtiã terminata, quæ circulum bifariã dispescit.

18

Semicirculus, est figura quæ sub dimetiente, & est quæ ex ipsa circuli circunferentia sublata est, continetur.

19

Sectio circuli, est figura quæ sub recta linea, & circuli circunferentia aut maiore aut minore semicirculo continetur.

20

Rectilineæ figuræ, sunt quæ sub rectis lineis continentur.

21

Trilateræ figuræ, sunt quæ sub tribus rectis continentur lineis.

22

Quadrilateræ figuræ, sunt quæ sub quatuor comprehenduntur rectis lineis.

23

Multilateræ figuræ, sunt quæ sub pluribus, quàm quatuor, rectis lineis comprehenduntur.

24

Trilaterarum porrò figurarum, æquilaterum est triangulum sub tribus æqualibus lateribus contentum.

25

Isosceles autem, est quod sub binis tantùm æqualibus lateribus continetur.

26

Scalenum verò, est quod sub tribus inæqualibus lateribus continetur.

27

Amplius trilaterarum figurarum, rectangulum triãgulum, est quod rectum angulum habet.

28

Amblygonium autem, quod obtusum angulum habet.

29

Oxygoniũ verò, quod tres habet acutos angulos

30

Quadrilaterarũ autem figurarũ, quadratum quidem, est quod & æquilaterũ ac rectãgulũ est.

31

Altera parte longius, est quod rectangulum quidem, at æquilaterum non est.

32

Rhombus, est quæ æquilatera, sed rectangula non est.

33

Rhomboides verò, est quæ ex opposito latera & angulos habens æquales, neque æquilatera, neque rectangula est.

34

Præter hæc autem, reliqua quadrilatera, trapezia appellantur.

35

Parallelæ, rectæ lineæ sunt quæ in eodem existentes plano, & ex vtraque parte in infinitum productæ, in nulla parte concurrunt.

Postulata I.

Ab omni signo in omne signum, rectam lineam ducere.

2

Rectam lineam terminatam, in continuum rectumque producere.

3

Omni cĕtro & interuallo, circulum describere.

4

Omnes angulos rectos, adinuicem æquales esse.

5

Si in duas rectas lineas recta linea incidens, interiores & in eadem parte angulos duobus rectis minores fecerit, rectas lineas in infinitum productas concurrere necesse est ad eas partes in quibus anguli duobus rectis minores existunt.

Communes sententiæ I.

Quæ eidem æqualia, & adinuicĕ sunt æqualia.

2

Etsi æqualibus æqualia adijciantur, omnia erunt æqualia.

3

Etsi ab æqualibus æqualia auferantur, quæ relinquuntur, æqualia erunt.

4

Etſi inæqualibus æqualia adiungantur, omnia erunt inæqualia.

5

Etſi ab inæqualibus æqualia auferantur, reliqua inæqualia erunt.

6

Quæ eiuſdem duplicia ſunt, adinuicem ſunt æqualia.

7

Et quæ eiuſdem ſunt dimidium, æqualia ſunt adinuicem.

8

Et quæ ſibimetipſis conueniunt, æqualia ſunt adinuicem.

9

Totum, eſt ſua parte maius.

10

Duæ rectæ lineæ, ſuperficiem non concludunt.

Propoſitio I.

Super data recta linea terminata, triangulum æquilaterum conſtituere.

2

Ad datum ſignum, datæ rectæ lineæ æquam rectam lineam ponere.

3

Duabus datis rectis lineis inaequalibus, à maiori minori aequalem rectam lineam abscindere.

4

Si duo triangula duo latera duobus lateribus aequalia habuerint, alterum alteri, & angulum angulo aequalem sub aequalibus rectis lineis contentum, & basin basi aequalem habebũt, & triangulum triangulo aequum erit, ac reliqui anguli reliquis angulis aequales erunt, alter alteri, sub quibus aequalia latera subtenduntur.

5

Isoscelium triangulorum qui ad basin sunt anguli, adinuicem sunt aequales. Et productis aequalibus rectis lineis, qui sub basi sunt anguli, adinuicem aequales erunt.

6

Si trianguli duo anguli aequales adinuicem fuerint, aequales quoque angulos subtendentia latera aequalia adinuicem erunt.

7

Super eadem recta linea duabus eisdem rectis lineis, aliae duae rectae lineae aequales, altera alteri non constituentur, ad aliud atque aliud signum, ad easdem partes, eosdem fines primis rectis lineis possidentes.

8

Si bina triangula duo latera duobus lateribus

alterum alteri æqualia habuerint, & bafin quoque bafi æqualem, angulum quoque angulo fub æ-
qualibus rectis lineis cõtentũ æqualem habebunt.

9

Datum angulum rectilineum, bifariam fecare.

10

Datam rectã lineam terminatã, bifariã fecare.

11

Data recta linea, à figno in ea dato, rectam lineam ad angulos rectos excitare.

12

Super datam rectam lineam infinitam, à dato
figno quod in ea non eft, perpendicularem rectam
lineam deducere.

13

Cum recta linea fuper rectam confiftens lineam, angulos fecerit, aut duos rectos, aut duobus
rectis æquales efficiet.

14

Si ad aliquam rectam lineam, atque ad eius fignum duæ rectæ lineæ, non ad eafdem partes ductæ, vtrobique duobus rectis angulos æquales fecerit, ipfæ in directũ rectæ lineæ adinuicem erũt.

15

Si duæ rectæ lineæ fe adinuicem fecuerint, angulos qui circa verticem funt, æquos adinuicem
efficient.

16

Omnis trianguli vno latere producto, exterior angulus vtrisque interioribus & ex opposito, maior est.

17

Omnis trianguli duo anguli duobus rectis sunt minores, omnifariam sumpti.

18

Omnis trianguli maius latus, sub maiori angulo subtenditur.

19

Omnis trianguli maior angulus, sub maiori latere subtenditur.

20

Omnis triãguli duo quælibet latera simul iuncta, reliquo sunt longiora.

21

Si trianguli à limitibus vnius lateris binæ rectæ lineæ introrsum constituãtur, quæ cõstituuntur, reliquis triãguli binis lateribus minores quidem erunt, maioremque angulum continebunt.

22

Ex tribus rectis lineis, quæ sunt tribus datis rectis lineis æquales, triangulum cõstruere. Oportet autem duo latera reliquo esse maiora, quomodocunq; assumpta: quoniã omnis triãguli bina latera quomodocunq; assumpta, reliquo sunt maiora.

23

Ad datam rectam lineam, ad datumque in ea
signum, dato angulo rectilineo æqualem angulum rectilineum constituere.

24

Si bina triangula, duo latera duobus lateribus
æqualia habuerint, alterum alteri, angulum verò
angulo maiorem sub æquis rectis lineis contētum,
basin quoque basi maiorem habebunt.

25

Si duo triangula, duo latera duobus lateribus
alterum alteri æqualia habuerint, basin verò basi
maiorem, angulum quoque sub æqualibus rectis
lineis contentum, angulo maiorem habebunt.

26

Si bina triangula, duos angulos duobus angulis, alterum alteri æquales habuerint, vnúmque
latus vni lateri æquale, aut quod æquis adiacet
angulis, aut quod sub vno æqualium angulorum
subtenditur: reliqua quoque latera reliquis lateribus æqualia, alterum alteri, & reliquum angulum reliquo angulo æqualem habebunt.

27

Si in binas rectas lineas recta incidens linea,
alternatim angulos æquos adinuicem fecerit, parallelæ adinuicem ipsæ rectæ lineæ erunt.

Si in binas rectas lineas recta incidens linea, exteriorem angulum interiori & oppofito ad eaſdem partes æqualem fecerit, aut interiores & ad eaſdem partes duobus rectis æquales, parallelæ erunt adinuicem ipſæ rectæ lineæ.

29

In parallelos rectas lineas recta incidens linea, & alternatim angulos adinuicem æquales, & exteriorem interiori & oppofito, & ad eaſdem partes æqualem, & interiores, & ad eaſdem partes duobus rectis æquales efficit.

30

Quæ eidem rectæ lineæ paralleli, & adinuicem ſunt paralleli.

31

Per datum ſignum, datæ rectæ lineæ parallelum rectam lineam ducere.

32

Omnis trianguli vno latere producto, exterior angulus binis interioribus & oppofito eſt æqualis. Et trianguli tres interiores anguli, binis ſunt rectis æquales.

33

Æquas & parallelos ad eaſdem partes, rectæ lineæ coniungentes, & ipſæ æquales & parallelæ ſunt.

34

Parallelogrammorum locorum latera quæ ex opposito, & anguli, æqualia sunt adinuicem, & dimetiens ea bifariam secat.

35

Parallelogramma in eadem basi, & in eisdem parallelis existentia, adinuicem sunt æqualia.

36

Parallelogramma in æqualibus basibus, & in eisdem parallelis existentia, adinuicem sunt æqualia.

37

Triangula in eadem basi, & in eisdem parallelis constituta, adinuicem sunt æqualia.

38

Triangula in æqualibus basibus, & in eisdem parallelis constituta, adinuicem sunt æqualia.

39

Triangula æqualia in eadem basi cõstituta, & ad easdem partes, & in eisdem sunt parallelis.

40

Triangula æqualia in æqualibus basibus existentia, & ad easdem partes, & in eisdem sunt parallelis.

41

Si parallelogrammum & triangulum eandem basin habuerint, in eisdemque fuerint parallelis, trianguli parallelogrammum duplum erit.

42

Dato triangulo æquale parallelogrammum cõ
ftituere, in dato angulo rectilineo.

43

Omnis parallelogrammi eorum quæ circa dimetientem funt parallelogrammorum fupplemẽ
ta, fibi inuicem funt æqualia.

44

Ad datam rectam lineam, dato triangulo æ-
quale parallelogrammum conftruere in dato angulo rectilineo.

45

Dato parallelogrammo, æquale parallelogram
mum conftituere in dato angulo rectilineo.

46

Ex data recta linea quadratum defcribere.

47

In rectangulis triangulis quadratum quod à la
tere rectum angulum fubtendente fit, æquum eft
quadratis quæ fiunt ex lateribus rectum angulũ
continentibus.

48

Si trianguli quod ab vno laterum quodratum
æquale fuerit eis quæ reliquis trianguli lateribus,
quadratis: angulus cõprehenfus fub reliquis trian
guli duobus lateribus, rectus erit.

EVCLIDIS
Liber secundus.

Parallelogrammum rectangulum.

Omne parallelogrammum rectangulum, sub duabus rectum angulum comprehendentibus rectis lineis dicitur contineri.

Quid gnomon.

Omnis parallelogrammi loci eorum, quæ circa dimetientem illius sunt parallelogrammorum, vnumquodque cum binis supplementis gnomon vocetur.

Propositio I.

Si fuerint binæ rectæ lineæ, seceturque ipsaru altera in quotcunque segmenta, rectangulum comprehensum sub duabus rectis lineis, æquum est eis quæ ab insecta & quolibet segmento rectangulis comprehenduntur.

2

Si recta linea secetur vtcunque, quæ sub tota & quolibet segmentorum rectangula comprehenduntur, æqualia sunt ei, quod ex tota est, quadrato.

3

Si recta linea secetur vtcunque, rectangulum

ſub totâ & vno ſegmentorum comprehenſum,
æquum eſt ei quod ſub ſegmentis comprehenditur rectangulo, & ei quod ex prædicto ſegmento
fit quadrato.

4

Si recta linea ſecetur vtcunque, quadratum
quod fit ex totâ, æquum eſt quadratis quæ fiunt
ex ſegmentis, & ei quod bis ſub ſegmentis comprehenditur rectangulo.

5

Si recta linea ſecetur in æqualia & non æqualia, rectangulum comprehenſum ſub inæqualibus
ſectionibus totius vnà cum quadrato quod à medio ſectionum, æquum eſt ei quod à dimidia fit
quadrato.

6

Si recta linea bifariam ſecetur, adiiciaturq; ei
aliqua recta linea in rectum, rectangulum côpre-
henſum ſub tota cum appoſita & appoſita, vnà
cum quadrato quod fit à dimidia, æquũ eſt ei quod
fit ex coniecta ex dimidia & appoſita tanquam
ex vna deſcripto quadrato.

7

Si recta linea ſecetur vtcunque, quod à tota
& ab vno ſegmentorum vtraque fiunt quadrata, æqualia ſunt rectangulo comprehenſo bis
ſub tota & dicto ſegmento, & ei quod à reliquo

segmento fit quadrato.

8

Si recta linea secetur vtcunque, rectangulum comprehensum quater sub tota & vno segmentorum cum eo quod ex reliquo segmento est
quadrato, æquum est ei quod fit ex tota & prædicto segmento tanquam ab vna descripto quadrato.

9

Si recta linea secetur in æqualia & nõ æqualia, quæ ab inæqualibus totius segmẽtis fiũt quadrata, dupla sunt eius quod à dimidia, & eius
quod à medio sectionum fit, quadratorum.

10

Si recta linea secetur bifariam, apponatur autem ei quæpiam recta linea in rectum, quod ex to
ta cum apposita, & quod ex apposita vtraq; qua
drata, dupla sunt eius quod ex dimidia, & eius
quod ex adiacente dimidia & adiuncta, tanquã
ex vna descriptorum quadratorum.

11

Datam rectam lineam secare, vt quod ex
tota & altero segmento comprehensum rectangulum, æquum sit ei quod fit ex reliquo segmento quadrato.

12

In obtusi angulis triangulis, quod ad obtusum

angulum subtendère latere fit quadratum, maius est eis quæ fiunt ab obtusum angulum comprehendentibus lateribus quadratis: comprehenso bis sub vno eorum, qui sunt circa obtusum angulum, in quod protractum cadit perpendicularis, & assumpto extrinsecus sub perpendiculari ad obtusum angulum.

13

In oxygoniis triangulis, quod ex acutum angulum subtendente fit quadratum, minus est eis quæ ex acutum angulum comprehendentibus lateribus fiunt quadratis, comprehenso bis sub vno eorum quæ sunt circa acutum angulum in quod perpendicularis cadit, & sumpto intus sub perpendiculari ad acutum angulum.

14

Dato rectilineo, æquum quadratum constituere.

EVCLIDIS
Liber tertius.

Diffinitio I.

AEquales circuli sunt, quorum dimetientes sunt æquales, vel quorum quæ ex centris sunt æquales.

2

Recta linea circulum tangere dicitur, quæ circulum tangens & eiecta, circulum non secat.

3

Circuli sese tangere adinuicem dicuntur, qui sese inuicem tangentes, se non inuicem secant.

4

In circulo æqualiter distare à centro rectæ lineæ dicuntur, cum à centro in eas perpendicula res ductæ, sunt æquales. Magis autem distare dicitur, in quam maior perpendicularis cadit.

5

Sectio circuli, est figura comprehensa sub recta linea, & circuli circunferentia.

6

Sectionis angulus, est qui sub recta linea, & circuli circunferentia comprehenditur.

7

In sectione autem angulus est, cum in circunferentia sectionis cōtingit aliquod signum, & ab eo in rectæ lineæ fines, quæ basis est sectionis, rectæ lineæ coniunguntur. Contentus autem angulus sub coniunctis rectis lineis est.

8

Cum verò comprehendentes angulum rectæ lineæ, aliquam suscipiunt circunferentiam, in illa angulus esse dicitur.

9

Sector autem circuli, est cùm ad centrum circuli steterit angulus, comprehensa figura sub angulum comprehendentibus rectis lineis, & assumpta sub eis circunferentia.

IO

Similes sectiones circuli, sunt quæ angulos æquos suscipiunt, vel in quibus anguli sibi inuicem sunt æquales.

Propositio I.

Dati circuli, centrum inuenire.

2

Si in circuli circunferentia duo fuerint signa vtcunque contingentia, ad ea signa applicata recta linea intra ipsum circulum cadit.

3

Si in circulo recta linea quædam per centrum extensa, quandam non per cētrum extensam rectam lineam bifariam secuerit, & ad angulos rectos ipsam dispescet: etsi ad angulos rectos ipsam dispescet, bifariam quoque ipsam secabit.

4

Si in circulo binæ rectæ lineæ sese inuicem secuerint, non per centrum extensæ, sese inuicem bifariam non secabunt.

5

Si bini circuli sese inuicem secuerint, non erit eorum idem centrum.

6

Si duo circuli se adinuicem tetigerint, eorum non est idem centrum.

7

Si in diametro circuli aliquod contingat signum quod minimè circuli centrum sit, ab eoque signo in circulum quædam rectæ lineæ procedãt, maxima erit in qua centrum: minima verò, reliqua: aliarum verò semper propinquior ei quæ per centrum extenditur, remotiore maior est. Duæ autem solùm rectæ lineæ æquales, ab eodem signo in circulum cadunt ad vtrasque partes minimæ.

8

Si extra circulum suscipiatur aliquod signum, ab eoque signo ad circulum deducantur rectæ lineæ aliquæ, quarum quidem vna per centrũ extendatur, reliquæ verò vtcunque: in connexam circunferentiam cadentium rectarum linearum maxima est quæ per centrum ducta est. Aliarum autem, semper ei quæ per centrum transit propinquior, remotiore maior est. In curuam verò circunferentiam cadentium rectarum linearum minima est, quæ inter signum & dimetien-

tem iacet: minimæ verò propinquior, femper remotiore minor eſt. Duæ autẽ tantùm reɛtæ lineæ,
ab eo ſigno cadunt æquales in ipſum circulum, ad
vtraſquẽ partes minimæ.

9

Si in circulo fufcipiatur ſignum aliquod, &
ab eo ſigno ad circulum cadant plures, quàm duæ
reɛtæ lineæ æquales: fufceptum ſignum, centrum
ipſius eſt circuli.

10

Circulus circulum in pluribus duobus ſignis
non ſecat.

11

Si bini orbes ſe introrſum adinuicem tetigerint, ſuſcipianturque eorum centra: ad eorum cen
tra applicata reɛta linea & eieɛta, in contraɛtũ
circulorum cadit.

12

Si duo circuli ſeſe adinuicem exterius tetigerint, ad centra eorum applicata reɛta linea, per
contaɛtum tranſiet.

13

Circulus circulum non tãgit in pluribus ſignis
vno, etſi extra, etſi intus tangat.

14

In circulo reɛtæ lineæ ſunt æquales, quæ æ-
qualiter diſtant à centro. Etſi æqualiter diſtant

à centro, æquales adinuicem funt.

15

In circulo, maximus quidem eſt dimetiens: a-
liarum autem ſemper propinquior centro , remotiore maior.

16

Quæ à diametri circuli extremitate ad angulos rectos ducitur, extra ipſum circulum cadit, &
in locum inter ipſam rectam lineam & circun-
ferentiam:altera recta linea non cadet. & ſemicirculi angulus, omni angulo acuto rectilineo ma
ior eſt:reliquus autem minor.

17

A dato ſigno , dato circulo contingentem rectam lineam ducere.

18

Si circulum tetigerit aliqua recta linea.à centro autem in contactum coniuncta fuerit aliqua
recta linea:coniuncta, perpendicularis erit in con
tingente.

19

Si circulum tetigerit aliqua recta linea, à contactu autem ipſi tangenti ad angulos rectos recta
linea quædam excitetur,in excitata erit centrum
circuli.

20

In circulo angulus qui ad centrum, duplus eſt

eius qui ad circunferentiam, quando anguli eandem circunferentiam habuerint.

21

In circulo qui in eodem segmento sunt anguli, sibi inuicem sunt æquales.

22

In circulis quadrilaterum existentium anguli qui ex opposito, duobus rectis sunt æquales.

23

Super eadem recta linea duæ sectiones circulorum similes, & inæquales non constituetur ad easdem partes.

24

Super æqualibus rectis lineis similes circulorum sectiones constitutæ sibi inuicem sunt æquales.

25

Circuli sectione data, describere circulum cuius est sectio.

26

In æqualibus circulis æquales anguli in æqualibus circunferentiis subtenduntur, etsi ad cætra, etsi ad circunferentias deducti fuerint.

27

In æqualibus circulis anguli qui super æquales circunferentias deducuntur, sibi inuicem sunt

æquales, etſi ad centra, etſi ad circunferentias fue
rint deducti.

28

In æqualibus circulis æquales rectæ lineæ, æqua
les circunferentias auferunt: maiorem maiori, mi
norem autem minori.

29

In æqualibus circulis, ſub æqualibus circunfe
rentiis æquales rectæ lineæ ſubtenduntur.

30

Datam circunferentiam, bifariam diſcin
dere.

31

In circulo angulus qui in ſemicirculo eſt, rectus eſt: qui autem in maiori ſegmento, minor recto: qui verò in minori ſegmento, maior eſt recto.
Et inſuper angulus maioris ſegmenti, recto quidem maior eſt: minoris autem ſegmenti angulus,
minor eſt recto.

32

Si circulum tetigerit aliqua recta linea, à contactu autem extendatur quædam recta linea circulum diſpeſcens, anguli quos efficit ad tangentĕ,
æquales ſunt eis, qui alterni in circuli ſegmĕtis cō-
ſiſtunt, angulis.

33

Super data recta linea deſcribere ſectionem cir

culi, capientem angulum æqualem dato angulo
rectilineo.

34

A dato circulo, segmentũ abscindere, capiens
angulum æqualem dato angulo rectilineo.

35

Si in circulo duæ rectæ lineæ se adinuicem secuerint, rectangulum cõprehensum sub sectioni-
bus vnius æquum est ei, quod sub segmentis alterius comprehenditur, rectangulo.

36

Si extra circulum sumatur signũ aliquod, ab
eoq; in circulum cadant duæ rectæ lineæ, & earũ
altera circulum dispescat, altera verò tãgat: quod
sub tota dispescente, & extrinsecus sumpta inter
signum & curuam circunferentiam comprehenditur rectangulum, æquum est ei, quod fit ex tan-
gente, quadrato.

37

Si extra circulum sumatur signum aliquod,
& ab eo signo in circulum duæ rectæ lineæ ceciderint, & earum altera circulum secet, altera verò cadat: sit autem quod fit sub tota dispescente,
& extrinsecus sumpta inter signum & curuam
circunferentiam, æquale ei, quod fit ex cadente, ca
dens circulum tanget.

EVCLIDIS

EVCLIDIS
Liber quartus.

Diffinitio   I.

Figura rectilinea in figura rectilinea describi dicitur, quando vnusquisque inscriptæ figuræ
angulus, vnumquodque latus eius, in qua describitur, tangit.

2

Figura autem similiter circa figuram describi
dicitur, quando vnūquodq; latus circumscriptæ,
vnumquenque angulū eius, circum quem describitur, tangit.

3

Figura rectilinea in circulo describi dicitur,
quando vnusquisque angulus inscriptæ, circuli
circunferentiam tangit.

4

Circulus verò circa figuram rectilineam describi dicitur, quando circuli circunferentia vnū-
quenque eius, circum quam describitur, angulum
tangit.

5

Circulus autem in figura rectilinea describi di
citur, quando circuli circunferentia vnumquodque latus eius, in qua describitur, tangit.

6

Figura verò rectilinea circa circulū describi dicitur, quãdo vnumquodque latus circūscriptæ, circuli circunferentiam tangit.

7

Recta linea in circulo congruere dicitur, quando eius extrema in circuli circunferentiam cadunt.

Propositio I.

In dato circulo, datæ rectæ lineæ minimè maiori circuli diametro exiſtenti, æqualem rectam lineam coaptare.

2

In dato circulo, dato triangulo æquiangulum triangulum deſcribere.

3

Circa datum circulum, dato triangulo æquiangulum triangulum deſcribere.

4

In dato triangulo, circulum deſcribere.

5

Circa datum triangulum, circulum deſcribere.

6

In dato circulo, quadratum deſcribere.

7

Circa datum circulū, quadratum deſcribere.

8

In dato quadrato, circulum defcribere.

9

Circa datum quadratum circulum defcribere.

10

Ifofceles triangulum conflituere, habens γ-
numquenque eorum qui ad bafin funt, anguloru
duplum reliqui.

11

In dato circulo, pentagonum æquilaterum &
æquiangulum defcribere.

12

Circa datum circulum, pentagonum æquilate
rum & æquiangulum defcribere.

13

In dato pentagono æquilatero & æquiangulo,
circulum defcribere.

14

Circa datum pentagonum æquilaterum &
æquiangulum, circulum defcribere.

15

In dato circulo, hexagenum æquilaterum &
æquiangulum defcribere.

16

In dato circulo, quintidecagonum æquilateru
& æquiangulum defcribere.

EVCLIDIS
Liber quintus.

Diffinitio 1.

Pars, est magnitudo magnitudinis, minor maioris, quando minor metitur maiorem.

2

Multiplex autem, maior minore, quando eam metitur minor.

3

Ratio, est duarum magnitudinum eiusdem generis aliquatenus adinuicem quædam habitudo.

4

Proportio verò, est rationum identitas.

5

Rationem habere adinuicem magnitudines dicuntur, quæ possunt multiplicatæ inuicem excedere.

6

In eadem ratione magnitudines dicuntur esse: prima ad secundam, & tertia ad quartam, quando primæ æquè multiplicia, secundæ & quartæ æquè multiplicia iuxta quăuis multiplicationem vtraque vtranque: vel vnà excedunt, vel vnà æquales, vel vnà deficiunt sumptæ adinuicem.

7

Eandem autem habentes rationem magnitudines, proportionales vocentur.

8

Quando verò æque multiplicium multiplex
primi, excesserit multiplex secundi: multiplex
autem tertij, non excesserit multiplex quarti: tũc
primum ad secundum, maiorem rationem habere dicetur, quàm tertium ad quartum.

9

Proportio autẽ in tribus terminis minima est.

10

Quando tres magnitudines proportionales fue
rint, prima ad tertiam, duplicem rationem habere dicetur, quàm ad secundam . Quando autem
quatuor magnitudines proportionales fuerint, &
semper ordinatim vna plus: prima ad quam tam
triplicem rationem habere dicetur, quàm ad secundam, ex quo fuerit proportio extensa.

11

Similis rationis magnitudines dicuntur, ante-
cedentia antecedentibus, & consequentia conse-
quentibus.

12

Permutata ratio , est acceptio antecedentis ad
antecedens, & consequentis ad consequens.

13

Conuersa ratio , est acceptio consequentis tanquam antecedentis, ad antecedens tanquam ad consequens.

14

Composita ratio, est acceptio antecedentis cum consequente, sicut vnius, ad ipsum consequens.

15

Diuisa ratio, est acceptio excessus quo excedit antecedēs ipsum consequens, ad ipsum conseqūē.

16

Conuersio rationis, est acceptio antecedentis ad excessum quo excedit antecedens ipsum consequens.

17

AEqua ratio, est pluribus existentibus magnitudinibus, & alijs eis æqualibus multitudine cum duabus sumptis, & in eadem ratione: quando fuerit sicut in primis magnitudinibus primum ad vltimum, sic in secundis magnitudinibus primum ad vltimum. Vel aliter, Acceptio extremorum per subtractionem mediorum.

18

Ordinata proportio, est cum fuerit antecedens ad consequens, sicut antecedens ad consequens: & consequens ad rem aliam, sicut consequens ad rem aliam.

19

Inordinata proportio, est cum fuerit ante-

cedens ad confequens, ficut antecedens ad confequens: & confequens ad rem aliam, ficut res alia
ad antecedens.

20

Extenfa proportio eft, quando fuerit ficut antecedens ad confequens, fic antecedens ad confequens : fuerit autem & ficut confequens ad rem
aliam, fic confequens ad rem aliam.

21

Perturbata autem proportio, eft quando tribus
exiftentibus magnitu linibus, & aliis eis aequalibus multitudine, fit ficut quidem in primis magnitudinibus antecedens ad confequens, fic in fe-
cundis magnitudinibus antecedens ad confeques:
ficut autem in primis magnitudinibus confeques
ad rem aliam, fic in fecudis res alia ad antecedens.

Propofitio I.

Si fuerint quaelibet magnitudines quarumlibet
magnitudinum aequalium numero, fingulae fingu-
laru aeque multiplices, quotuplex eft vnius vna
magnitudo, totuplices erunt & omnes omnium.

2

Si prima fecundae aeque fuerit multiplex, &
tertia quartae: fuerit autem & quinta fecundae aeque multiplex, & fexta quartae, & copofita prima & quinta, fecundae aeque multiplex erit, &
tertia & fexta quartae.

3

Si primum secundi æque fuerit multiplex, & tertium quarti, sumātur autem æque multiplicia primi & tertij, & æque sumptorum vtrumque vtriusque æque erit multiplex: alterum quidem secundi, alterum autem quarti.

4

Si primum ad secundum eandem habuerit rationem, & tertium ad quartum, & æque multiplicia primi & tertij ad æque multiplicia secundi & quarti iuxta quāuis multiplicationem, eandem habebunt rationem sumpta adinuicem.

5

Si magnitudo magnitudinis æque fuerit multiplex, & ablata ablatæ, & reliqua reliquæ: erit multiplex, quotuplex tota totius est multiplex.

6

Si duæ magnitudines duarum magnitudinum æque fuerint multiplices, & ablatæ aliquæ earum æque fuerint multiplices, & reliquæ eisdem vel æquales sunt, vel æque ipsarum multiplices.

7

Æquales ad eandem, eandem habent rationem: & eadem ad æquales.

8

Inæqualium magnitudinum maior, ad eādem, maiorem rationem habet, quàm minor: & eadem ad minorem, maiorem rationem habet, quàm ad maiorem.

9

Quæ ad eandem, eandem habent rationem, æquales adinuicem sunt: & ad quas eadem, eædem habet rationem, ipsæ sunt æquales.

10

Ad eandem, rationem habentium; maiorem rationem habes, illa maior est: ad quam autem eadem maiorem rationem habet, & illa minor est.

11

Quæ eidem sunt eædem rationes, & adinuicem sunt eædem.

12

Si fuerint quælibet magnitudines proportionem habentes, erit sicut vna antecedentium ad vnam consequentium: sic omnes antecedentes ad omnes consequentes.

13

Si prima ad secundam, eandem habuerit rationem, & tertia ad quartam: tertia autem ad quartam, maiorem rationem habeat, quàm quinta ad sextam: prima quoque ad secundam, maiorem rationem habebit, quàm quinta ad sextam.

14

Si prima ad secundam, eandem habuerit rationem, & tertia ad quartam: prima verò, tertia maior fuerit: & secunda, quarta maior erit: etsi æqualis, æqualis: etsi minor, minor.

15

Partes eodem modo multiplicium, eandem rationem habent sumptæ adinuicem.

16

Si quatuor magnitudines proportionales fuerint, & vicissim proportionales erunt.

17

Si compositæ magnitudines proportionales fuerint, diuisæ quoque proportionales erunt.

18

Si diuisæ magnitudines proportionales fuerint, compositæ quoque proportionales erunt.

19

Si fuerit sicut totum ad totum, sic ablatum ad ablatum: & reliquum ad reliquum erit, sicut totum ad totum.

20

Si fuerint tres magnitudines, & aliæ eisdem æquales numero cum duabus sumptis, & in eadem ratione: ex æquali autem prima tertia maior fuerit: & quarta sexta maior erit: etsi æqualis, æqualis: etsi minor, minor.

21

Si fuerint tres magnitudines, & aliæ eisdem æquales numero cum duabus sumptis, & in eadem ratione, fuerit autem perturbata earum proportio: ex æquali vero prima tertia maior fuerit, & quarta sexta maior erit: etsi æqualis, æqualis: etsi minor, minor.

22

Si fuerint quælibet magnitudines, & aliæ eisdem æquales numero cum duabus sumptis in eadem ratione, & ex æquali in eadem ratione erũt.

23

Si fuerint tres magnitudines, aliæque eisdem æquales numero cum duabus sumptis in eadem ratione: fuerit autem perturbata earum proportio, & ex æquali in eadem ratione erunt.

24

Si primum ad secundum eandem habuerit rationem, & tertium ad quartum: habuerit autem & quintum ad secundum eandem rationem, & sextum ad quartum, & composita primum & quintum ad secundum, eandem habebunt rationem, & tertium & sextum ad quartum.

25

Si quatuor magnitudines proportionales fuerint, maxima earum & minima reliquis maiores erunt.

EVCLIDIS
Liber sextus.

Diffinitio I.

Similes figuræ rectilineæ sunt, quæ & angulos æquales habent ad vnum : & quæ circa angulos æquales sunt, latera proportionalia.

2

Reciprocæ autem figuræ sunt, quando in vtra-que figura antecedentes & consequentes termini rationales fuerint.

3

Per extremam & mediam rationem, recta li-nea diuidi dicitur, quando fuerit sicut tota ad ma-ius segmentum, sic maius ad minus.

4

Altitudo vniuscuiusque figuræ, est à vertice ad basin perpendicularis deducta.

5

Ratio ex duabus rationibus, aut ex pluribus constare dicitur, quando rationum quantitates multiplicatæ aliquam efficiunt quantitatem.

Propositio I.

Triangula & parallelogramma, quæ sub eo-dem sunt vertice, ad se inuicem sunt vt bases.

2

Si trianguli ad vnum laterum acta fuerit a-
liqua recta linea parallelus, proportionaliter secat ipsius trianguli latera: etsi trianguli latera
proportionaliter secta fuerint ad segmenta connexa recta linea, parallelus ad reliquum erit ipsius trianguli latus.

3

Si trianguli angulus bifariam secetur, dispe-
scens autem angulum recta linea secuerit & basin, basis segmenta eandem habebunt rationem
reliquis ipsius trianguli lateribus: etsi basis segmenta eadem habuerint rationem reliquis ipsius
trianguli lateribus, à vertice ad basin coniuncta
recta linea bifariam dispescit ipsius trianguli angulum.

4

AEquiangulorum triangulorum proportionalia sunt latera, quæ circum æquales angulos, &
similis sunt rationis quæ æqualibus angulis latera
subtenduntur.

5

Si duo triangula, latera proportionalia habuerint, æquiangula erunt triangula, & æquales habebunt angulos, sub quibus eiusdem rationis latera subtenduntur.

6

Si bina triangula vnum angulum vni angulo

æqualem habuerint , & circum æquales angulos
latera proportionalia, æquiangula erunt triangula, & æquales habebunt angulos, sub quibus eiuſdem rationis latera subtenduntur.

7

Si bina triãgula ynum angulum yni angulo
æqualem habuerint , circum autem alios angulos
latera proportionalia:reliquorum verò ytrunque
simul aut minorem, aut nõ minorem reĉto, æquiangula erunt triangula, & æquales habebũt angulos, circum quos proportionalia sunt latera.

8

Si in triangulo rectangulo ab angulo reĉto in
basin perpendicularis agatur, quæ ad perpendicularem triangula, similia sunt toti & adinuicem.

9

Data rēĉta linea, ordinatã partem abscindere.

10

Datam reĉtam lineam non seĉtam, datæ reĉtæ
lineæ seĉtæ similiter secare.

11

Duabus datis reĉtis lineis , tertiam proportionalem inuenire.

12

Tribus datis reĉtis lineis, quartam proportionalem inuenire.

13

Duabus datis rectis lineis, mediam proportionalem inuenire.

14

AEqualium, & vnum vni æqualem habentium angulum parallelogrammorum, reciproca
sunt latera, quæ circum æquales angulos: & quorum parallelogrammorum vnum angulum vni
angulo æqualem habentium, reciproca sunt latera, quæ circum æquales angulos, ea quoque sunt æ-
qualia.

15

AEqualium, & vnum vni æqualem habentium angulum triangulorum, reciproca sunt latera, quæ circum æquales angulos: & quorum v-
num vni angulum æqualem habentium triangulorum, reciproca sunt latera, quæ circum æquales angulos, ea quoque sunt æqualia.

16

Si quatuor rectæ lineæ proportionales fuerint,
quod sub extremis comprehensum rectangulum,
æquum est ei quod sub medijs continetur rectangulo. Etsi sub extremis comprehensum rectangulum æquum fuerit ei quod sub medijs continetur
rectangulo, quatuor rectæ lineæ proportionales
erunt.

17

Si tres rectæ lineæ proportionales fuerint, quod

sub extremis côprehensum rectangulum, æquum est ei quod à media quadrato. Etsi quod sub extremis continetur rectangulum, æquum fuerit ei quod à media quadrato, ipsæ tres rectæ lineæ proportionales erunt.

18

A data recta linea, dato rectilineo simile, similitérque positum rectilineum describere.

19

Similia triangula, adinuicem in dupla sunt ratione laterum similis rationis.

20

Similia polygona in similia triangula diuiduntur, & in æqualia numero & æqua ratione totis: & polygonum ad polygonum duplicem rationem habet, quàm similis rationis latus, ad similis rationis latus.

21

Quæ eidem rectilineo sunt similia, & adinuicem sunt similia.

22

Si quatuor rectæ lineæ proportionales fuerint, & ab eis rectilinea similia, similitérque descripta, proportionalia erunt. Etsi ab ipsis rectilinea proportionalia fuerint, ipsæ quoque rectæ lineæ proportionales erunt.

AEquiangula parallelogramma adinuicem habent compositam ex lateribus.

24

Omnis parallelogrammi, quæ circa dimetientem parallelogramma, similia sunt toti, & adinuicem.

25

Dato rectilineo simile, & alij dato æquale, idem constituere.

26

Si parallelogrammo parallelogramm̄ ̄ auferatur, simile & toti & similiter positu: 1, communem angulum habens ei, circum eundem dimetientem est toti.

27

Omnium parallelogrammorum circum eandem rectam lineam proiectorum, deficiētiumq́ue specie parallelogrammis similibus, similitérque positis ei quod à dimidia descriptum est, maximum est, quod à dimidia proiectŭ parallelogrammum simile existens sumpto.

28

Ad datam rectam lineam dato rectilineo æquale parallelogrammum comparare, deficiens specie parallelogrammo simili dato : oportet iam datum rectilineum, cui expedit æquum comparare, non maius esse eo, quod à dimidia compara-

tum similibus existentibus sumptis, & eius quod à dimidia, & cui expedit simile deficere.

29

Ad datam rectam lineam, dato rectilineo æquale parallelogrammum prætendere, excedens specie parallelogrammum simile dato.

30

Datam rectam lineam terminatam, per extremam ac mediam rationem dispescere.

31

In rectangulis triangulis quæ ab rectum angulum subtendente latere species, æqualis est eis quæ ab rectum angulum comprehendentibus lateribus speciebus similibus similiterq; descriptis.

32

Si duo triangula componantur ad vnum angulum, duo latera duobus lateribus proportionalia habentia, vt sint eiusdem rationis eorum latera & parallela, reliqua ipsorum triangulorum latera in rectam lineam erunt.

33·

In æqualibus circulis, anguli eandem habent rationem ipsis circunferentiis in quibus deducuntur: etsi ad centra, etsi ad circunferentias fuerint deducti, tum etiam sectores ad centra constituti.

EVCLIDIS
Liber septimus.

Deffinitio I.

Vnitas, est qua vnumquodque existens vnum dicitur.

2

Numerus autem; ex vnitatibus composita multitudo.

3

Pars, est numerus numeri minor maioris, quando dimetitur maiorem.

4

Partes autem, quando non metitur.

5

Multiplex verò, maior minore, quando eam metitur minor.

6

Par numerus, est qui bifariam diuiditur.

7

Impar verò, qui bifariam non diuiditur; vel qui vnitate differt à pari.

8

Pariter par numerus, est quem par numerus metitur per numerum parem.

9

Pariter autem impar, est quem par numerus metitur per imparem numerum.

10

Impariter verò par, est quem impar numerus dimetitur per numerum parem.

11

Impariter verò impar numerus, est quem impar numerus metitur per imparem numerum.

12

Primus numerus, est quē vnitas sola metitur.

13

Primi adinuicem sunt numeri, quos vnitas sola dimetitur communi mensura.

14

Compositus numerus, est quem numerus aliquis metitur.

15

Compositi autem adinuicem numeri sunt, quos numerus aliquis communi dimentione metitur.

16

Numerus numerū multiplicare dicitur, quando quotæ sunt in ipso vnitates, toties componitur multiplicatus, & gignitur aliquis.

17

Quando autem bini numeri sese adinuicem multiplicantes, aliquem fecerint : factus, planus appellatur. Latera verò illius, multiplicantes sese

d

inuicem numeri.

18

Quando verò tres numeri sese multiplicantes adinuicem fecerint aliquem: factus, solidus appellatur: latera verò illius, multiplicantes sese inuicem numeri.

19

Quadratus numerus est, qui æque æqualis, vel qui sub duobus æqualibus numeris continetur.

20

Cubus verò, qui æque æqualis æque, vel sub tribus æqualibus numeris continetur.

21

Numeri proportionales sunt, quando primus secundi, & tertius quarti æque fuerit multiplex: vel eadem pars, vel eædem partes.

22

Similes plani & solidi numeri sunt, qui proportionalia habent latera.

23

Perfectus numerus, est qui sui ipsius partibus est æqualis.

Propositio I.

Si duobus numeris inæqualibus expositis, sublato semper minore à maiore, reliquus minime metiatur præcedétem, quoad assumpta fuerit vnitas, qui à principio numeri, primi adinuicé erũt.

2

Duobus numeris datis non primis adinuicem, maximam eorum communem dimensionem inuenire.

3

Tribus numeris datis non primis adinuicem, maximam eorum comunem mesuram inuenire.

4

Omnis numerus, omnis numeri minor maioris aut pars est, aut partes.

5

Si numerus numeri pars fuerit, & alter alterius eadem pars, & vterque vtriusque eadem pars erit, quæ vnus vnius.

6

Si numerus numeri partes fuerit, & alter alterius eædem partes, & vterque vtriusque eædem partes erunt, quæ vnus vnius.

7

Si numerus numeri pars fuerit, qualis ablatus ablati : & reliquus reliqui pars erit, qualis totus totius.

8

Si numerus numeri partes fuerit, quæ ablatus ablati: & reliquus reliqui, eædem partes erit, quæ totus totius.

9

Si numerus numeri pars fuerit, & alter alterius eadem pars : & vicißim qualis pars est vel partes primus tertij, eadem pars erit vel partes secundus quarti.

10

Si numerus numeri partes fuerit, & alter alterius eadem partes: & vicißim quæ partes est primus tertij vel pars, eadem partes erit & secundus quarti, vel eadem pars.

11

Si fuerit sicut totus ad totum, sic ablatus ad ablatum:& reliquus ad reliquum erit,sicut totus ad totum.

12

Si fuerint quotcunque numeri proportionales, erit sicut vnus antecedentium ad vnum sequentiũ:sic omnes antecedĕtes ad omnes consequentes.

13

Si quatuor numeri proportionales fuerint, & vicißim proportionales erunt.

14

Si fuerint quilibet numeri, & alij eisdem æquales numero cum duobus sumptis,& in eadem ratione,& ex æquali in eadem ratione erunt.

15

Si vnitas numerum aliquem metiatur, pariter autem alter numerus alium quempiam nume-

rum metiatur: & viciſſim pariter vnitas tertium numerum metietur, & ſecundus quartum.

16

Si bini numeri multiplicantes ſe, adinuicem
fecerint aliquos: geniti ex eis, æquales adinuicem
erunt.

17

Si numerus duos numeros multiplicans, fecerit
aliquos: geniti ex eis, eandem rationem habebunt
quam multiplicati.

18

Si duo numeri numerum aliquem multiplican
tes, fecerint aliquos: geniti ex eis, eandem habebunt rationem quam multiplicantes.

19

Si quatuor numeri proportionales fuerint, qui
ex primo & quarto fit, æquus eſt ei qui ex ſecundo & tertio. Etſi qui ex primo & quarto fit numerus, æqualis fuerit ei qui ex ſecundo & tertio,
ipſi quatuor numeri proportionales erunt.

20

Si tres numeri proportionales fuerint, qui ſub
extremis, æqualis eſt ei qui à medio. Etſi qui ſub
extremis æqualis fuerit ei qui à medio, ipſi tres
numeri proportionales erunt.

21

Minimi numeri eandem rationem habentium

eis, metiuntur eandem rationem habentes æqua-
liter:maior maiorem,minor minorem.

22

Si fuerint tres numeri, & alij eiusdem æquales
numero cum duobus sumptis, & in eadem ratione: fuerit autem perturbata eorum proportio,&
ex æquali in eadem ratione erunt.

23

Primi numeri adinuicem,minimi sunt eandem
rationem habentium eis.

24

Minimi numeri eandem rationem habentium
eis,primi adinuicem sunt.

25

Si bini numeri,primi adinuicem fuerint, vnum
eorum metiens ad reliquum primus erit.

26

Si bini numeri ad aliquem numerũ primi fuerint,& ex eis genitus ad eundem primus erit.

27

Si duo numeri primi adinuicem fuerint,qui ex
vno eorum fit,ad reliquum primus erit.

28

Si bini numeri ad binos numeros vterque ad
vtrunque primi fuerint: & qui ex eis fient, primi adinuicem erunt.

Si bini numeri primi adinuicem fuerint, &
multiplicans vterque seipsum, fecerit aliquos, qui
ex eis fiunt, primi adinuicem erunt. Etsi qui in
principio genitos multiplicantes fecerint aliquos,
& illi quoque primi adinuicem erunt, & semper
circa extremos hoc continget.

30

Si bini numeri, primi adinuicem fuerint, &
vterque ad vtrunque ipsorū primus erit. Etsi v-
terque ad vnum aliquem eorū primus fuerit, &
qui in principio numeri, primi adinuicem erunt.

31

Omnis primus numerus, ad omnem numerum
quem non metitur, primus est.

32

Si bini numeri multiplicantes se, adinuicem fecerint aliquem: factum autem ex eis metitur aliquis primus numerus, & vnum eorum qui in
principio metietur.

33

Omnis compositus numerus, sub alicuius primi
numeri dimensionem cadit.

34

Omnis numerus, aut primus est, aut eum aliquis primus metitur.

35

Numeris datis quibuscunque, inuenire minimios eafdem rationes habentium eis.

36

Duobus numeris datis, inuenire quem minimum metiuntur numerum.

37

Si bini numeri numerum aliquem menfi fuerint, & minimus qui fub eorum dimenfionem cadit, eundem metietur.

38

Tribus numeris datis, inuenire quem minimum numerum metiuntur.

39

Si numerum aliquis numerus metiatur, menfus cognominatam partem habebit metienti.

40

Si numerus partem habuerit quamlibet, eum cognominati numeri metietur pars.

41

Numerum inuenire, qui minimus exiftens habeat datas partes a,b,c.

EVCLIDIS
Liber octauus.

Propofitio I.

Si fuerint quilibet numeri continuè proportionales, extremi verò ipforum primi adinuicem

fuerint , minimi sunt eandem rationem habentium eis.

2

*Numeros inuenire continuè proportionales
minimos, quos ordinauerit aliquis in data ratione.*

3

*Si fuerint quilibet numeri cõtinuè proportio-
nales , minimi eandem rationem habentium eis,
eorum extremi primi adinuicem erunt.*

4

*Rationibus datis quibuscunque in minimis nu-
meris, numeros inuenire continuè proportionales
minimos in datis rationibus.*

5

*Plani numeri adinuicem rationem habẽt com-
positam ex lateribus.*

6

*Si fuerint quilibet numeri continuè proportio-
nales, primus autem secundum non metiatur, &
alius nullus nullum metietur.*

7

*Si fuerint quilibet numeri continuè proportio-
nales, primus autem extremum metiatur, & secundum quoque metietur.*

8

Si inter duos numeros continuè proportiona-

les ceciderint numeri, quot in eos ceciderint nume
ri, tot, & inter eandé rationem habentes eis continuè proportionales cadent.

9

Si bini numeri primi adinuicé fuerint, & inter eos continuè proportionales ceciderint numeri, quot inter eos continuè proportionales ceciderint numeri, tot quoque inter Vtrunque eorum &
Vnitatem continuè proportionales cadent.

IO

Si inter binos numeros & Vnitatem continuè
proportionales numeri ceciderint, quot inter V-
trunque ipsorum & Vnitatem continuè proportionales ceciderint numeri, tot, & inter eos continuè proportionales cadent.

II

Duorum numerorum quadratorum, Vnus medius proportionalis est numerus. Et quadratus ad
quadratum duplam habet rationem, quàm latus
ad latus.

I2

Duorum cuborum numeroru, bini medÿ proportionales sunt numeri. Et cubus ad cubum triplam rationem habet, quàm latus ad latus.

I3

Si fuerint quilibet numeri continuè proportionales, & multiplicans Vnusquisque seipsum fe-

cerit aliquos, qui fiunt ex ipsis, proportionales e-
runt. Etsi qui in principio genitos multiplicantes fecerit aliquos, & ipsi quoque proportionales
erunt.

14

Si quadratus numerus quadratum numerum
mensus fuerit, & latus latus metietur. Etsi latus latus metietur, quadratus quadratum metietur.

15

Si cubus numerus cubū numerum mensus fuerit, & latus latus metietur. Etsi latus latus mensum fuerit, & cubus cubum metietur.

16

Si quadratus numerus quadratum numerum
mensus non fuerit, neq; latus latus metietur. Etsi
latus latus mensum non fuerit, neque quadratus
quadratum metietur.

17

Si cubus numerus cubum numerū non metiatur, neque latus latus metietur. Etsi latus latus nō
metiatur, neque cubus cubum metietur.

18

Duorum similium planorum numerorum, v-
nus medius proportionalis est numerus. Et planus
ad planum duplam habet rationem, quàm similis
rationis latus ad similis rationis latus.

19

Duorum similium solidorum numerorum bini medij proportionales sunt numeri. Et solidus ad solidum simile triplam rationem habet, quàm similis rationis latus ad similis rationis latus.

20

Si binorum numerorum vnus medius proportionalis fuerit numerus, similes plani erunt ipsi numeri.

21

Si duorum numerorum duo medij proportionales fuerint numeri, similes solidi sunt ipsi numeri.

22

Si tres numeri continuè proportionales fuerint, primusque fuerit quadratus, & tertius quadratus erit.

23

Si quatuor numeri continuè proportionales fuerint, primus autem cubus fuerit, & quartus cubus erit.

24

Si bini numeri rationem habuerint, quam quadratus numerus ad quadratum numerum, primus autem fuerit quadratus, & secundus quadratus erit.

Si bini numeri adinuicem rationem habuerint, quam cubus numerus ad cubum numerum, primus autem cubus fuerit, & secundus cu
bus erit.

26

Similes plani numeri adinuicem rationem habent, quam quadratus numerus ad quadratum nu
merum.

27

Similes solidi numeri adinuicem rationē habēt,
quam cubus numerus ad cubum numerum.

EVCLIDIS
Liber nonus.

Propositio I.

Si bini similes plani numeri se inuicem multiplicantes, aliquem fecerint: factus ex eis, quadra
tus erit.

2

Si bini numeri inuicē sese multiplicantes, quadratum fecerint, similes plani sunt.

3

Si cubus numerus seipsum multiplicans aliquē
fecerit: factus, cubus erit.

4

*Si cubus numerus cubum numerum multipli-
cans, aliquem fecerit: factus, cubus erit.*

5

*Si cubus numerus numerum aliquem multi-
plicans, cubum fecerit, & multiplicatus cubus
erit.*

6

*Si numerus seipsum multiplicans, cubum fece-
rit, & ipse cubus erit.*

7

*Si compositus numerus, numerum aliquē mul-
tiplicans, aliquem fecerit, factus solidus erit.*

8

*Si ab ynitate quilibet numeri ordine proportio
nales fuerint, tertius ab ynitate quadratus est, &
ynum relinquentes omnes: quartus autem cubus,
& binos relinquentes omnes: septimus verò cubus simul & quadratus, & quinque relinquentes omnes.*

9

*Si ab ynitate quilibet numēri consequenter
proportionales fuerint: qui verò post ynitatem
quadratus fuerit, & reliqui omnes quadrati erūt.
Etsi qui post ynitatem cubus fuerit, & reliqui o-
mnes cubi erunt.*

Si ab vnitate quilibet numeri ordinatim proportionales fuerint:qui verò poſt vnitatē non fue
rit quadratus,neq; alius vllus quadratus erit, exceptis tertio ab vnitate, & vnum relinquētibus
omnibus. Etſi qui poſt vnitatem cubus nōfuerit,
neque alius vllus cubus erit, exceptis quarto ab
vnitate,& binos relinquentibus omnibus.

II

Si ab vnitate quilibet numeri continuè proportionales fuerint, minor maiorem metitur per
aliquem præexiſtentem in proportionalibus numeris.

12

Si ab vnitate quilibet numeri continuè propor
tionales fuerint,quot primorum numerorum vltimum metietur,tot,& eum qui apud vnitatem
eſt metientur.

13

Si ab vnitate quilibet numeri ordinatim proportionales fuerint: qui verò poſt vnitatem primus fuerit,maximum nullus alius metietur præter præexiſtentes in proportionalib. numeris.

14

Si minimum numerū primi numeri menſi fuerint,nullus alius primus numerus ipſum metietur
præter eos qui in principio metiuntur.

15

Si tres numeri cõtinuè proportionales fuerint,
minimi eandem eis habentiũ rationem, bini quilibet compositi ad reliquum primi erunt.

16

Si bini numeri primi adinuicem fuerint, non e-
rit sicut primus ad secundum, sic secundus ad aliquem alium.

17

Si fuerint quilibet numeri continuè proportionales, ipsorum autem extremi primi adinuicè fuerint, non erit sicut primus ad secundum, sic vlti-
mus ad aliquem alium.

18

Binis numeris datis, considerare si possibile est
eis tertium proportionalem inuenire.

19

Tribus numeris datis, considerare si est possibile eis quartum inuenire proportionalem.

20

Primi numeri, plures sunt omni proposita mul
titudine primorum numerorum.

21

Si pares numeri quilibet componantur, totus
par est.

22

Si impares numeri quilibet componantur, fuerit autem multitudo par, totus par erit.

23

Si impares numeri quilibet componantur, mul titudo autem ipsorum fuerit impar, & totus impar erit.

24

Si à pari numero par auferatur, reliquus par erit.

25

Si à pari numero impar auferatur, reliquus impar erit.

26

Si ab impari numero impar auferatur, reliquus par erit.

27

Si ab impari numero par auferatur, reliquus impar erit.

28

Si impar numerus parem multiplicans, aliquem fecerit: qui gignitur, par est.

29

Si impar numerus imparem numerum multiplicans, fecerit aliquem: factus, impar erit.

30

Si impar numerus parem numerum mensus fuerit, & eius dimidium metietur.

31

Si impar numerus ad numerum aliquem pri-

mius fuerit, & ad ipsius duplum primus erit.

32

A binario duplorum vnusquisque, pariter par est tantum.

33

Si numerus dimidium impar habuerit, pariter impar est tantum.

34

Si numerus neque à binario fuerit duplus, neque dimidium impar habuerit, pariter par est, & pariter impar.

35

Si fuerint quilibet numeri continuè proportionales, auferantur autem à secundo & vltimo æquales ipsi primo, erit sicut secundi excessus ad primum: sic vltimi excessus ad omnes seipsum præcedentes.

36

Si ab vnitate quilibet numeri continuè expositi fuerint in duplici proportione, ex quo totus compositus primus fuerit, & totus in vltimum multiplicatus aliquem fecerit: qui gignitur, perfectus erit.

EVCLIDIS
Liber decimus.

Diffinitio 1.

Commensurabiles magnitudines dicütur, quæ eadem mensura dimetiëtur.

2

Incommensurabiles autem quæ sub nullius communis mensuræ dimensionem cadunt.

3

Rectæ lineæ potentia commensurabiles sunt, quando quæ ab ipsis quadrata, eadem area dimetitur.

4

Incommensurabiles autem, quando ea quæ ex ipsis quadrata, nulla area communi mensura dimetitur. His expositis indicatur, quod proposita recta linea, hoc est à qua & cubitales, & palmi, & digitales, ac pedales sumuntur mensuræ, ipsi sunt rectæ lineæ multitudine infinitæ commensurabiles & incommensurabiles. Commensurabiles quidem, aut potentia tantùm, aut potentia & longitudine simul. Incommensurabiles verò, aut longitudine tantùm, aut longitudine & potentia simul.

5

Vocatur igitur ipsa quidem proposita recta linea, rationalis.

6

Et quæ huic commensurabiles & longitudine, & potentia: & potentia tantùm, rationales.

7

Quæ autem incommensurabiles per ytrunque hoc est, longitudine & potentia, irrationales appellantur.

8

Et quod quidem à proposita recta linea quadratum, rationale.

9

Et quæ huic commensurabilia, rationalia.

10

Et quod ab incommensurabili, irrationale.

11

Et quæ huic commensurabilia, irrationalia dicuntur.

12

Et ipsorum(si quadrata fuerint)latera: sin autem, aliæ quæpiam rectæ lineæ ipsa potentes, æqualiáque ipsis quadrata describentes, irrationales yocentur.

Propositio I.

Duabus magnitudinibus inæqualibus expositis, si à maiori auferatur maius quàm dimidium,

& eius quod relictum est maius quàm dimidium
idque semper fiat, relinquetur quædam magnitudo minor minore magnitudine exposita.

2

Si duabus magnitudinibus inæqualibus expositis, sublata semper minore à maiori, reliqua minime metiatur præcedentem, incommensurabiles
erunt ipsæ magnitudines.

3

Duabus magnitudinibus commensurabilibus
datis, maximam earum cōmunem inuenire mensuram.

4

Tribus magnitudinibus commensurabilibus
datis, maximam earum communem mensuram
inuenire.

5

Commensurabiles magnitudines, adinuicem
rationem habent, quam numerus ad numerum.

6

Si binæ magnitudines adinuicem rationem habuerint, quam numerus ad numerum, commensurabiles erunt ipsæ magnitudines.

7

Incommensurabiles magnitudines adinuicem
rationem non habent, quam numerus ad numerum.

8

Si binæ magnitudines adinuicem rationem non habuerint, quam numerus ad numerum, incommensurabiles erunt ipsæ magnitudines.

9

A longitudine commensurabilibus rectis lineis quadrata, adinuicem rationem habent, quam quadratus numerus ad quadratum numerum. Et quadrata adinuicem rationem habentia, quam quadratus numerus ad quadratum numerum, latera quoque habebunt longitudine commensurabilia. A longitudine verò incommensurabilibus rectis lineis quadrata, adinuicem rationem non habent, quàm quadratus numerus ad quadratum numerum. Et quadrata adinuicem rationem non habentia, quàm quadratus numerus ad quadratum numerum, neque latera habebunt longitudine commensurabilia,

10

Propositæ rectæ lineæ binas rectas incommensurabiles inuenire lineas, alteram quidem longitudine tantùm, alteram autem & potentia.

11

Si quatuor magnitudines proportionales fuerint, prima autem secundæ fuerit commensurabilis, & tertia quartæ commensurabilis erit: etsi prima secundæ incommensurabilis fuerit, & tertia quartæ incommensurabilis erit.

12

Quæ eidem magnitudini commensurabiles, & adinuicem sunt commensurabiles.

13

Si binæ magnitudines commensurabiles fuerint, alteraque earum magnitudini alicui incommensurabilis fuerit, & reliqua eidem incommensurabilis erit.

14

Si quatuor rectæ lineæ proportionales fuerint, potueritque prima secunda maius eo quod fit ab eidem longitudine commensurabili, & tertia quarta maius poterit eo quod fit ab eidem longitudine commensurabili. Etsi prima secunda maius potuerit eo quod fit ab incommensurabili eidem longitudine, & tertia quarta maius poterit eo quod fit ab eidem longitudine incommensurabili.

15

Si binæ magnitudines commensurabiles compositæ fuerint, & tota vtrique ipsarum commensurabilis erit. Etsi tota vni earum commensurabilis fuerit, & quæ in principio magnitudines commensurabiles erunt.

16

Si binæ magnitudines incommensurabiles com

positæ fuerint, & tota Vtrique ipsarum incommensurabilis erit. Etsi tota Vni ipsarum incommensurabilis fuerit, & quæ in principio magnitudines, incommensurabiles erunt.

17

Si fuerint binæ rectæ lineæ inæquales, quartæ autem parti eius quod ex minori æquum maiori comparatum fuerit deficiens specie à quadrato, & in commensurabilia ipsam diuiserit longitudine, maior minori maius poterit eo quod sit ex sibi longitudine commensurabili. Etsi maior minore poterit eo quod sit à sibi commensurabili longitudine: quartæ verò parti eius quod à minori æquale maiori comparatum deficiens specie à quadrato, & in commensurabilia longitudine ipsam distribuet.

18

Si fuerint binæ rectæ lineæ inæquales, quartæ autem parti eius quod sit ex minore æquum ad maiorem comparetur deficiens specie à quadrato, & per incommensurabilia ipsam diuiserit longitudine, maior minore maius potest eo quod sit ex sibi incommensurabili longitudine. Etsi maior minore maius potuerit eo quod sit ex sibi incommensurabili: quartæ autem ipsius quod sit ex minore æquum, ad maiorem comparatum fuerit deficiens specie à quadrato, in incommensurabilia *sibi longitudine ipsam dispescit.*

19

Sub rationalibus longitudine commensurabilibus rectis lineis iuxta aliquem prædictorum modorum comprehensum rectangulum rationale est.

20

Si rationale ad rationalem comparatum fuerit, latitudinem efficit rationalem, commensurabilemque ei ad quam comparatur longitudine.

21

Sub rationalibus potentia tantùm commensurabilibus rectis lineis comprehensum rectangulum irrationale est, illudque potens irrationalis est, voceturque media.

22

Media ad rationalem comparata, latitudinem efficit rationalem, & ei incommensurabilem ad quam comparatur longitudine.

23

Quæ mediæ commensurabilis, media est.

24

Sub mediis longitudine commensurabilibus rectis lineis comprehensum rectangulum, medium est.

25

Sub mediis potentia tantùm commensurabili-

bus rectis lineis comprehensum rectangulum, aut
rationale, aut medium est.

26

Medium non excedit medium rationali.

27

Medias inuenire potentia tantùm commensurabiles, rationale comprehendentes.

28

Medias comperire potentia tantùm commensurabiles, medium comprehendentes.

29

Comperire binas rationales potentia tantùm
commensurabiles ; vt maior minore maius possit
eo quod fit ex commensurabili sibi longitudine.

30

Comperire binas rationales potentia tantùm commensurabiles, vt maior minore maius
possit eo quod fit à sibi longitudine incommensurabili.

31

Comperire binas medias potentia tantùm com
mensurabiles rationale comprehendentes, vt
maior minore maius possit eo quod fit à sibi longitudine commensurabili.

32

Inuenire duas medias potentia tantàm commensurabiles medium comprehendentes, vt ma-

ior minore maius poſſit eo quod ſit ex ſibi com-
menſurabili.

33

Inuenire binas rectas lineas potentia incom-
menſurabiles, conficientes conflatum ex quadratis quæ ab ipſis rationale: quod verò ſub ipſis, medium.

34

Binas rectas lineas potentia incommenſurabi-
les, efficientes compoſitum ex iis quæ ab ipſis ſunt
quadrata medium: quod verò ſub ipſis rationale,
comperire.

35

Comperire binas rectas lineas potentia incom-
menſurabiles, efficientes compoſitum ex earum
quadratis medium: & quod ſub ipſis medium, &
inſuper incommenſurabile compoſito ex earum
quadratis.

36

Si binæ rationales potentia tantùm commen-
ſurabiles compoſitæ fuerint, tota irrationalis eſt,
voceturque ex binis nominibus.

37

Si binæ mediæ potentia tantùm commenſura-
biles compoſitæ fuerint, rationale comprehendentes, tota irrationalis eſt, vocatur autem ex binis
prima mediis.

38

Si binæ mediæ potentia tantùm commensurabiles compositæ fuerint, medium comprehendentes, tota irrationalis est, vocatur autem ex binis secunda mediis.

39

Si binæ rectæ lineæ potentia incommensurabiles compositæ fuerint, conficientes compositum ex quadratis quæ ab ipsis rationale : quod autem sub ipsis medium, tota recta linea irrationalis est, vocatur autem maior.

40

Si binæ rectæ lineæ potentia incommensurabiles compositæ fuerint, efficientes compositum quidem ex earum quadratis medium : quod vero sub ipsis rationale, tota recta linea irrationalis est, vocatur autem rationale mediumque potens.

41

Si binæ rectæ lineæ potentia incommensurabiles compositæ fuerint, efficientes compositum ex earum quadratis medium:quod verò sub ipsis medium, & insuper incommensurabile composito ex earum quadratis, tota recta linea irrationalis est, vocatur autem bina potens media.

42

Quæ ex binis nominibus, ad vnum duntaxat

signum diuiditur in nomina.

43

Ex binis mediis prima, ad vnum duntaxat signum diuiditur in nomina.

44

Ex binis secunda mediis, ad vnum duntaxat signum diuiditur in nomina.

45

Maior, ad vnum duntaxat signum diuiditur in nomina.

46

Rationale mediumque potens, ad vnum duntaxat signum discinditur in nomina.

47

Bina potens media, ad vnum duntaxat signum diuiditur in nomina.

Binomiorum diffinitio I.

Proposita rationali, ex binisque nominibus disiuncta in nomina, cuius nomen maius minore maius poscit eo quòd sit ex sibi longitudine commensurabili: si maius nomen longitudine commensurabile fuerit expositæ rationali, tota vocetur ex binis nominibus prima.

2

Si verò nomen minus longitudine commensurabile fuerit expositæ rationali, vocatur ex binis nominibus secunda.

3

Si autem neutrum ipsorum nominum cōmen-
surabile longitudine fuerit expositæ rationali,
vocatur ex binis nominibus tertia.

4

Rursus iam si maius nomen, minore maius
possit eo quod sit à sibi longitudine incommensurabili: si quidem maius nomen expositæ rationali
longitudine commensurabile fuerit, vocatur ex
binis nominibus quarta.

5

Si verò minus, quinta.

6

Si verò neutrum, sexta.

Sex igitur existentibus sic sumptis rectis lineis,
ordinat ordinatim tres primas, ex quibus maior
minore maius potest eo quod sit ex sibi commensurabili: secundas verò reliquas tres ordinatim similiter, quarum maior minore maius possit eo
quod sit ex sibi incommensurabili, eo quia conterit commensurabile incommensurabili. Et insuper primam, ex qua maius nomen expositæ rationali commensurabile est. Secundam autem ex
qua minus, quoniam rursus conterit maius minore, dum continet maius. Tertiam verò, cuius neutrum nominum expositæ rationali est commensurabile. In iisque ordinatim tribus, similiter pri-

mam prædicti secundi ordinis quartam appellans
secundam verò quintam, ac tertiam sextam.

48

Inuenire ex binis nominibus primam.

49

Comperire ex binis nominibus secundam.

50

Inuenire ex binis nominibus tertiam.

51

Inuenirē ex binis nominibus quartam.

52

Inuenire ex binis nominibus quintam.

53

Inuenire ex binis nominibus sextam.

54

Si areola comprehendatur sub rationali, ac ex
binis nominibus prima, quæ areolam potest irrationalis est, ex binis nominibus vocata.

55

Si areola comprehensa fuerit sub rationali, &
ex binis nominibus secunda, areolam potens irrationalis est, vocaturque binis ex prima mediis.

56

Si superficies sub rationali , & ex binis nominibus tertia comprehensa fuerit , superficiem potens irrationalis est, appellaturque ex binis secunda mediis.

57

Si areola sub rationali, ac ex binis quarta nominibus comprehensa fuerit, ipsam areolam potens irrationalis est, vocaturque maior.

58

Si areola comprehendatur sub rationali, ac ex
binis quinta nominibus, areolam potens irrationalis est, appellata rationale, mediumque potens.

59

Si areola comprehendatur sub rationali, & ex
binis sexta nominibus, areolam potens irrationalis est, appellata bina potens media.

60

Quæ ab ex binis nominibus ad rationalem
comparata latitudo, efficit ex binis nominibus
primam.

61

Quæ ab ex binis mediis prima ad rationalem
comparata latitudo, efficit ex binis nominibus
secundam.

62

Quæ ab ex binis secunda mediis ad rationalem comparata latitudo, efficit ex binis nominibus tertiam.

63

Quæ ex maiore ad rationalem comparata latitudo, efficit ex binis quartam nominibus.

64

Quæ ex rationali, mediumque potente ad rationalem comparata latitudo, efficit ex binis quintam nominibus.

65

Quæ ex bina media potente ad rationalem comparata latitudo, efficit ex binis nominibus sextam.

66

Ei quæ ex binis nominibus longitudine commensurabilis, ipsa quoque ex binis nominibus est, ac in ordine eadem.

67

Ei quæ ex binis mediis longitudine commensurabilis, & ipsa ex binis est mediis, & in ordine eadem.

68

Maiori commensurabilis, eadem quoq; maior.

69

Rationale ac medium potenti commensurabilis, & eadem rationale, ac medium potens est.

70

Bina potenti medium commensurabilis, bina potens est media.

71

Rationali ac medium compositis, quatuor fiunt irrationales, quæ ex binis nominibus, quæ ex bi-

f

nis prima mediis maior , ac rationale mediumque potens.

72

Binis mediis adinuicem incommensurabilibus compositis, reliquæ duæ irrationales fiunt, quæ ex binis secunda mediis, & quæ bina potens est media.

73

Si à rationali rationalis auferatur, potentia tantùm commensurabilis existens toti, reliqua irrationalis est, vocatur autem apotome.

74

Si à media auferatur media potĕtia tantùm toti subsistens commensurabilis, cum tota verò rationale comprehendens, reliqua irrationalis est, vocetur verò mediæ apotomæ prima.

75

Si à media media auferatur potentia tantùm toti commensurabilis subsistens, & cum tota medium comprehendens, reliqua irrationalis est, vocetur autem mediæ secunda apotomæ.

76

Si à recta linea recta linea auferatur potentia toti subsistens incommensurabilis, cum tota verò efficiens quod ab eis simul rationale: quod verò sub ipsis medium, reliqua irrationalis est, appellaturque minor.

77

Si à recta linea recta linea auferatur potentia
toti subsistens incommensurabilis, & cum tota
efficiens conflatum quidem ex ipsarum quadratis
medium: quod verò bis sub ipsis rationale, reliqua
irrationalis est, vocatur autem cum rationali
medium totum efficiens.

78

Si à recta linea recta linea sublata fuerit potentia toti subsistens incommensurabilis, & cum
tota efficiens cõflatum ex ipsarum quadratis medium: quod verò bis sub ipsis medium, insuper ipsarum quadrata incommensurabilia ei quod bis
sub ipsis, reliqua irrationalis est, appellatur autem
cum medio medium totum efficiens.

79

Apotomæ vna tantum congruit recta linea
rationalis, potentia tantum toti subsistens commensurabilis.

80

Mediæ apotomæ primæ vna tantum congruit
recta linea media, potentia tantùm toti subsistens
commensurabilis, & cum tota rationale comprehendens.

81

Mediæ apotomæ secundæ vna tãtum congruit
recta linea media, potentia tantùm toti com-

mensurabilis, & cum tota medium comprehendens.

82

Minori vna tantum congruit recta linea potentia toti incommensurabilis subsistens, efficiens
cum tota compositum ex earum quadratis rationale: quod verò bis sub ipsis, medium.

83

Efficienti cum rationali medium totum vna
tantum congruit recta linea, potentia toti incommensurabilis subsistens, & cum tota efficiens
conflatum quidem ex ipsarum quadratis medium
quod verò bis sub ipsis, rationale.

84

Efficienti cum medio medium totum, vna tantùm congruit recta linea potentia incommensurabilis toti subsistens, & cum tota efficiens conflatum ex ipsarum quadratis medium: & quod
bis sub ipsis medium, & insuper incommensurabile conflatum ex iis quæ ab ipsis ei quod bis sub
ipsis.

Apotomarum diffinitio I.

Si quidem tota exposita rationali longitudine commensurabilis fuerit, appellatur apotome
prima.

2

Si verò congruens commensurabilis fuerit

longitudine expositæ rationali, secunda appella-
tur apotome.

3

Si autem neutra commensurabilis fuerit ex-
positæ rationali longitudine, tertia appellatur a-
potome.

4

Si quidem tota commensurabilis fuerit expo-
sitæ rationali longitudine, appellatur apotome
quarta.

5

Si verò congruens, quinta.

6

Si autem neutra, sexta.

85

Inuenire primam apotomen.

86

Inuenire secundam apotomen.

87

Inuenire tertiam apotomen.

88

Inuenire quartam apotomen.

89

Inuenire quintam apotomen.

90

Inuenire sextam apotomen.

91

Si areola comprehendatur sub rationali & apotome prima, quæ areolam potest apotome est.

92

Si areola comprehensa fuerit sub rationali & apotome secunda, quæ areolam potest mediæ apotome est prima.

93

Si areola comprehendatur sub rationali & apotome tertia, quæ areolam potest, mediæ apotome est secunda.

94

Si areola comprehendatur sub rationali & quarta apotome, quæ areolam potest, minor est.

95

Si areola comprehendatur sub rationali & quinta apotome, quæ areolam potest, est quæ cum rationali, medium totum conficit.

96

Si areola comprehendatur sub rationali & apotome sexta, quæ areolam potest, est quæ cum medio medium totum efficit.

97

Quæ ab apotome ad rationalem comparata latitudo, primam efficit apotomen.

98

Quæ à media apotome prima ad rationalem comparata latitudo, secundam efficit apotomen.

99

Quæ à mediæ apotome secunda ad rationalem comparata latitudo, tertiam apotomen conficit.

100

A minori ad rationalem comparata latitudo, efficit quartam apotomen.

101

Ab ea quæ cum rationali medium totum effi-cit, ad rationalem latitudo comparata, quintam efficit apotomen.

102

Ab ea quæ cum medio medium totum efficit, ad rationalem comparata latitudo, efficit sextam apotomen.

103

Quæ ipsi apotomæ longitudine est commensu-rabilis, apotome est, & in ordine eadem.

104

Mediæ apotomæ commensurabilis, mediæ apo-tomæ est, & in ordine eadem.

105

Minori commensurabilis, minor est.

106

Cum rationali medium totum efficienti com-mensurabilis, & eadem cum rationali medium totum efficiens est.

107

Cum medio medium totum efficienti commensurabilis, & eadem cum medio medium totum efficiens est.

108

A rationali, media ablata, reliquám areolam potens, vna duarum irrationalium gignitur, vel apotome vel minor.

109

A medio, rationali sublato, aliæ duæ irrationales fiunt, vel mediæ apotome prima, vel cum rationali medium totum efficiens.

110

A medio, medio ablato incommensurabili toti, reliquæ duæ irrationales fiunt, vel mediæ apotome secunda, vel cum medio medium efficiens.

111

Apotome, non est eadem ei quæ ex binis nominibus.

112

A rationali ad irrationalem eam quæ ex binis nominibus apposita latitudo, efficit apotomen, cuius nomina commensurabilia sunt nominibus eius quæ ex binis nominibus est, & in eadem ratione:& insuper apotome quæ gignitur, eundem habebit ordinem ei quæ ex binis nominibus est.

113

A rationali ad apotomen comparata latitudo,

efficit eam quæ ex binis nominibus , cuius nomi-
na commensurabilia sunt ipsius apotomes nomi-
nibus , & in eadem ratione : & insuper quæ gi-
gnitur ex binis nominibus , ipsi apotomæ eundem
obtinet ordinem.

114

Si areola comprehendatur sub apotome, & ea
quæ ex binis nominibus , cuius nomina commen-
surabilia sunt, ipsius apotomes nominibus: & in
eadem ratione, quæ areolam potest rationalis est.

115

A media infinitæ irrationales fiunt, & nulla
vlli eorum quæ prius est eadem.

116

Minori commensurabilis, minor est.

117

Cum rationali medium totum efficienti com-
mensurabilis , cum rationali medium totum effi-
ciens est.

118

Propositum nobis sit ostendere , quod in qua-
dratis figuris incommensurabilis est dimetiens
lateri longitudine.

EVCLIDIS
Liber vndecimus.

Diffinitio I.

Solidum, est quod longitudinem, latitudinem, & crassitudinem habet. Solidi verò terminus superficies est.

2

Recta linea ad planum recta est, quando ad omnes cotingentes ipsam rectas lineas & in sub-iecto plano existentes, rectos efficit angulos.

3

Planum ad planum rectum est, quando communi segmento ipsorum planorum ad angulos ductæ rectæ lineæ in vno ipsorum planorum, reliquo plano ad angulos rectos fuerint.

4

Plani ad planum inclinatio, est comprehensio anguli acuti sub iis quæ ad angulos rectos communi segmento ducuntur ad idem signum in vtroque ipsorum planorum.

5

Planum ad planum inclinari dicitur, & alterum ad alterum, quando prædicti inclinationum anguli sibi inuicem æquales fuerint.

6

Parallela plana, funt quæ contactum non ad-
mittunt.

7

Similes folidæ figuræ, funt quæ fub fimilibus
planis, æqualibus multitudine comprehenduntur.

8

Similes folidæ figuræ & æquales, funt quæ fub
fimilibus planis multitudine & magnitudine æ-
qualibus comprehenduntur.

9

Angulus folidus, eft fub pluribus duabus lineis
fefe adinuicem tangentibus, & non exiftentibus
in eadem fuperficie ad omnes lineas inclinatio.

Aliter.

Solidus angulus, eft qui fub pluribus duobus
planis angulis comprehenditur, non exiftentibus
in eodem plano, ad ynum fignum conftitutis.

10

Pyramis, eft figura folida planis comprehenfa
ab yno plano ad ynum fignum conftituta.

11

Prifma, eft figura folida planis comprehenfa,
quorum duo quæ ex oppofito æqualia & fimilia
funt parallela, reliqua verò parallelogramma.

12

Sphæra, eft quando femicirculi manente dime-
tiente circunductus femicirculus in feipfum rur-

fus reuoluitur vnde incœpit, circumaſſumpta figura.

13

Axis ſphæræ, eſt manens recta linea quam circum ſemicirculus vertitur.

14

Centrum ſphæræ, eſt illud quod & ſemicirculi.

15

Dimetiens ſphæræ, eſt recta quædam linea per
centrum acta, & terminata ex vtraque parte
ſub ipſius ſphæræ ſuperficie.

16

Conus, eſt quando rectanguli trianguli manente vno eorum quæ circa rectum angulum latere circunductum triangulum in idem rurſus
vnde ſumpſerat exordium circunuoluitur, ea aſ-
ſumpta figura. Et ſi manens recta linea æqua fuerit, reliquæ quæ circum rectum circunductæ, re-
ctagulus erit conus. Si vero minor, amblygonius.
ſi autem maior, oxygonius.

.17

Axis coni, eſt manens quædam recta linea
quam circum triangulum vertitur. Baſis autem,
eſt circulus ſub circunducta recta linea deſcri-
ptus.

18

Cylindrus, eſt quãdo rectanguli parallelogram.

mi manente vno eorum quæ circum rectum angulum latere circunductum parallelogrammi in
idem vnde sumpsit exordium steterit, ea assumpta figura.

19

Axis cylindri, est manens quædam recta linea
quam circum parallelogrammum vertitur. Basis
autem circuli qui sub iis quæ ex opposito circun-
ductis lateribus sunt descripti.

20

Similes coni & cylindri, sunt quorum axes &
dimetientes basium sunt proportionales.

21

Cubus, est figura solida sub sex quadratis contenta lateribus.

22

Octaedrum, est figura solida sub octo æqualibus & æquilateris contenta triangulis.

23

Dodecaedrum, est figura solida sub duodecim
quinquangulis æqualibus & æquilateris & æqui-
angulis comprehensa.

24

Icosaedrum, est figura solida sub viginti triangulis æqualibus & æquilateris comprehensa.

Propositio I.

Rectæ lineæ partem in subiecto plano, partem

verò in sublimi esse, est impossibile.

2

Si binæ rectæ lineæ se adinuicem secuerint , in vno sunt plano, & omne triangulum in vno plano existit.

3

Si bina plana se adinuicem secuerint, communis eorum sectio recta linea est.

4

Si recta linea duabus rectis lineis se adinuicem dispescentibus in communi sectione ad rectos angulos steterit, & ad earundem planum ad angulos rectos erit.

5

Si recta linea tribus rectis lineis se adinuicem tangentibus, ad angulos rectos in communi contactu extiterit , ipsæ tres rectæ lineæ in vno sunt plano.

6

Si binæ rectæ lineæ in eodem plano ad angulos rectos fuerint, parallelæ erunt ipsæ rectæ lineæ.

7

Si fuerint binæ rectæ lineæ parallelæ, assumatúrque in ipsarum vtraque contingentia signa, ad ipsa signa connexa recta linea in eodem est plano cum ipsis parallelis.

8

Si fuerint binæ rectæ lineæ parallelæ, altera autem ipsarum plano alicui ad angulos fuerit rectos, & reliqua eidem plano ad angulos rectos erit.

9

Quæ eidem rectæ lineæ parallelæ, nec eidem in eodem existētes plano, adinuicem sunt parallelæ.

10

Si binæ rectæ lineæ sese inuicem tangentes, ad binas rectas lineas sese inuicem tangentes, in eodem non fuerint plano, æquales angulos comprehendent.

11

A dato signo in sublimi, ad subiectum planum perpendicularem lineam ducere.

12

A dato plano, à datóque in eo signo ad angulos rectos rectam lineam constituere.

13

Ab eodem signo, ad idem planum binæ rectæ lineæ ad angulos rectos non constituentur ad easdem partes.

14

Ad quæ plana eadem recta linea recta est, parallela sunt ipsa plana.

15

Si binæ rectæ lineæ se inuicem tangentes ad

binas rectas lineas se inuicem tangentes fuerint, non tamen in eodem plano exiſtentes, parallela ſunt quæ ex ipſis plana.

16

Si bina plana parallela ſub plano aliquo diſſeEta fuerint, communes ipſorum ſeEtiones parallelæ ſunt.

17

Si binæ reEtæ lineæ ſub parallelis planis ſecentur, in eaſdem rationes ſecabuntur.

18

Si reEta linea plano alicui ad angulos fuerit reEtos, & omnia quæ ex ipſa plana ad idem planum ad angulos reEtos erunt.

19

Si bina plana ſeſe inuicem diſpeſcentia, plano alicui ad angulos reEtos fuerint, & ipſorum communis ſeEtio ad idem planum ad angulos reEtos erit.

20

Si ſolidus angulus ſub tribus planis comprehendatur, duo reliquo maiores ſunt quomodocunque ſuſcepti.

21

Omnis ſolidus angulus, ſub minus quatuor reEtis angulis planis comprehenditur.

Si fuerint tres anguli plani, quorum bini reliquo sint maiores quomodocunque assumpti, com-
prehendant autem ipsos æquales rectæ lineæ, ex
connexis circa æquales rectas lineas triangulum
constitui est possibile.

23

Ex tribus angulis planis, quorum duo quomodocunque sumpti sint reliquo maiores, solidum
angulum conficere, oportet iam tres quatuor rectis esse minores.

24

Si solidum sub parallelis planis comprehendatur, quæ ex opposito ipsius plana, æqualia & parallelogramma sunt.

25

Si solidum parallelepipedum plano secetur, parallelo existente eis quæ ex opposito planis, erit sicut basis ad basin, sic solidum ad solidum.

26

Ad datam rectam lineam, ad signumque in
ea, dato solido angulo æquum solidum angulum
constituere.

27

Ex data recta linea, dato solido parallelepipe-
do, simile & similiter positum solidum parallelepipedum describere.

28

Si solidum parallelepipedum plano secetur per
diagonios eorum quæ ex oppofito planorum, ipfum
folidum fecabitur ab ipfo plano bifariam.

29

Super eadem bafi, & fub eadem altitudine
folida parallelepipeda confiftentia, quorum ftantes fuper eifdem funt rectis lineis, inuicem funt
æqualia.

30

Super eadem bafi exiftentia folida parallelepipeda, & fub eadem altitudine quorum ftantes
non funt fuper eifdem rectis lineis, inuicem funt
æqualia.

31

Super æqualibus bafibus folida parallelepipeda exiftentia, & fub eadem altitudine, inuicem
funt æqualia.

32

Sub eadem altitudine exiftentia folida parallelepipeda, adinuicem funt ficut bafes.

33

Similia folida parallelepipeda, adinuicem in
triplici ratione funt eiufdem rationis laterum.

34

AEqualium folidorum parallelepipedorum
reciprocæ funt bafes altitudinibus. Et folida parallelepipeda, quorum bafes altitudinibus funt

reciprocæ, funt æqualia.

35

Si fuerint bini anguli, plani æquales fuper quo-
rum Verticibus fublimes rectæ lineæ fteterint, æ-
quales angulos comprehendentes cum iis quæ in
principio rectis lineis alterum alteri , in fublimi-
bus autem contingant contingentia figna , & ab
eifdem ad plana in quibus funt qui in principio
anguli perpēdiculares actæ fuerint:d factis autem
fignis fub perpendicularibus in planis ad eos qui
in principio anguli coniunctæ fuerint rectæ lineæ
æquos angulos cum fublimibus comprehendent.

36

Si tres rectæ lineæ proportionales fuerint , ex
ipfis tribus rectis lineis folidum parallelepipedum
æquum eft ei quod ex media fit folido parallelepi-
pedo æquilatero quidem , æquiangulo autem præ-
dicto.

37

Si quatuor rectæ lineæ proportionales fuerint,
& quæ ex ipfis folida parallelepipeda fimilia fi-
militérque defcripta proportionalia erunt. Etfi
quæ ex ipfis folida parallelepipeda fimilia fimili-
térque defcripta proportionalia fuerint, & ipfæ
quoque rectæ lineæ proportionales erunt.

38

Si planum ad planum rectum fuerit, à figno

autem in altero planorum existente in alterum planum perpendicularis fuerit, in communi ipsorum planorum sectione cadit ipsa perpendicularis.

39

Si solidi parallelepipedi eorum quæ ex opposito planorum latera bifariam secta fuerint, extensáque fuerint per sectiones plana, communis ipsorum planorum sectio, & solidi parallelepipedi dimetiens bifariam se adinuicem dispescent.

40

Si fuerint bina prismata sub æquis altitudinibus, & alterum quidem basin parallelogrammum habuerit, alterum autem triangulum, duplum autem fuerit parallelogrãmum ipsius trianguli, ipsa prismata æqualia erunt.

EVCLIDIS
Liber duodecimus.

Propositio   I.

Quæ in circulis multangulæ figuræ adinuicem se habent, sicut quæ ex dimetientibus quadrata.

2

Circuli sese adinuicem habent, sicut quæ ex dimetientibus quadrata.

3

Omnis pyramis triangularem basin habens, dividitur in binas pyramides æquas & similes invicem triangulares bases habentes, & similes toti, & in bina prismata æqualia, et ipsa bina prismata maiori sunt, quàm dimidium totius pyramidis.

4

Si fuerint binæ pyramides sub eadem altitudine, triangulares bases habentes, divisa verò fuerit vtraque ipsarum in binas pyramides adinuicem æquales & similes toti, & in bina prismata æqualia, & in vtraque factarum pyramidum is modus semper seruetur, erit sicut vnius pyramidis basis ad alterius pyramidis basin: sic quæ in vna pyramide prismata omnia ad ea quæ in altera pyramide prismata æquè multiplicia.

5

Sub eodem fastigio pyramides subsistentes, triangularémque basin habentes, adinuicem sese habent sicut bases.

6

Sub eadem altitudine pyramides existentes, multangulásque bases habentes, adinuicem sese habent sicut bases.

7

Omne prisma triangularem basin habens, diuiditur in tres pyramides , fibi inuicem æquas triangulares bafes habentes.

8

Similes pyramides , triangulares bafes habentes ; in triplici funt ratione eiufdem rationis laterum.

9

AEqualium pyramidum, & triangulares bafes habentium , reciprocæ funt bafes altitudinibus. Et pyramides , triangulares bafes habentes, quarum reciprocæ funt bafes verticibus , funt æquales.

10

Omnis conus, cylindri tertia pars eft eandem eidem bafin habentis, & æquale faftigium.

11

Sub eodem faftigio exiftentes coni & cylindri, adinuicem fefe habent ficut bafes.

12

Similes coni & cylindri , ad fe inuicem in tripla funt ratione ficut dimetientium ad bafes.

13

Si cylindrus plano fecetur , parallelo exiftenti eis quæ ex oppofito planis , erit ficut cylindrus ad cylindrum, fic axis ad axem.

14

In æqualibus bafibus exiftentes coni & cylindri, adinuicem sese habent sicut fastigia.

15

AEqualium conorum & cylindrorum, reciprocæ sunt bases verticibus. Et coni & cylindri,
quorum reciproce sunt bases verticibus, sunt æ-
quales.

16

Binis orbibus circum idem centrum existentibus, in maiori orbe multangulum æquilaterum
& parilaterum inscribere, non tangentem or-
bem minorem in superficie.

17

Binis sphæris circum idem centrum existentibus, in maiori sphæra solidum polyhedrum inscribere, non tangens sphæram minorem in superficie.

18

Sphæræ adinuicem in triplici sunt ratione pro-
priorum dimetientium.

EVCLIDIS
Liber decimustertius.

Propositio I.

Si recta linea extrema & media ratione secetur, maius segmentum admittens totius dimi-

g iiij

diam, quintuplum poteſt eius quod ex totius dimidia.

2

Si recta linea ſui ipſius ſegmento quincuplum
potuerit, dupla prædicti ſegmenti extrema, &
media ratione diſſecta, maius ſegmentum reliqua
eſt pars eius quæ in principio rectæ lineæ.

3

Si recta linea media & extrema ratione ſecetur, minus ſegmentum admittens dimidiam mai-
ioris ſegmenti, quincuplum poteſt eius quod à media maioris ſegmenti fit quadrati.

4

Si recta linea extrema, mediáque ratione ſecetur, quod ex tota, & quod ex minori ſegmento
vtraque quadrata, tripla ſunt eius quod à maiori
ſegmento fit quadrato.

5

Si recta linea extrema & media ratione ſecetur, apponaturque eidem æqualis maioris ſegmento, tota recta linea extrema & media ratione ſe-
catur, & maius ſegmentum eſt ea quæ in principio recta linea.

6

Si recta linea rationalis, extrema & media
ratione ſecta fuerit, vtrunque ſegmentorum irrationale eſt, appellaturque apotome.

7

Si quinquanguli æquilateri tres anguli ordinatim, aut non ordinatim, æquales fuerint, æquiangulum erit ipsum quinquangulum.

8

Si quinquanguli æquilateri, & æquianguli binos ordinatim angulos rectæ lineæ expliciunt, extrema & media ratione sese inuicem dispescent, & maiora earum segmenta ipsius quinquanguli lateri sunt æqualia.

9

Si sexanguli & decagoni latus in eodem circulo descriptorum componantur, tota recta linea extrema & media ratione secatur, & maius segmentum est ipsius sexanguli latus.

10

Si in circulo quinquangulum æquilaterum descriptum fuerit, ipsius quinquanguli latus potest & sexanguli & decagoni latus in eodem circulo descriptorum.

11

Si in circulo rationalem habente diametrum, quinquangulum æquilaterum inscribatur, quinquanguli latus irrationale est, appellaturque minor.

12

Si in circulo triangulum æquilaterum descri-

ptum fuerit, ipſius trianguli latus potentia tri-
plum eſt eius quæ ex centro circuli.

13

Pyramidem conſtituere, & data ſphæra comprehendere, & demonſtrare quod ipſius ſphæræ
dimetiens potentia, ſeſqualiter eſt lateris ipſius
pyramidis.

14

Octahedrum conſtruere, & data ſphæra comprehendere ea qua pyramidem, oſtenderéque quòd
ipſius ſphæræ dimetiens potentia lateris ipſius o-
ctahedri duplus eſt.

15

Cubum conſtruere, & data ſphæra comprehendere, vel ea qua prius, oſtenderéque quòd ipſius ſphæræ dimetiens potentia triplus eſt lateris
ipſius cubi.

16

Icoſahedrum conſtruere, & data ſphæra comprehendere, qua & dictas figuras: oſtenderéque
quòd ipſius icoſahedri latus irrationale eſt, appellaturque minor.

17

Dodecahedrum conſtruere, & data ſphæra
comprehendere, qua & prædictas figuras: oſtenderéque quòd dodecahedri latus irrationale eſt
& appellatur apotome.

18

*Latera quinque figurarum exponere, & adin-
uicem comparare.*

EVCLIDIS
Liber decimusquartus.

Procœmium.

*Basilides Tyrius Protarche cum Alexan-
driam petiisset, patríque nostro ob Mathematicas
disciplinas familiaris substitisset, cum eo, ipso pe-
stilentiæ tempore, diu versatus est. Et quandoque
discutiendo id quod ab Apollonio scriptum est de
dodecahedri & icosaedri in eadem sphæra descriptorum comparatione, & quam inter se figuræ
huiusmodi habeant rationem (videbatur nanque
Apollonius hæc recte minime conscripsisse) ipsi
verò enucleantes (quemadmodum pater meus di-
cebat) perscripserant. Ego verò posterius alium
comperi librum ab Apollonio conscriptum, qui
recte complectebatur eius quod obiiciebatur de-
monstrationem: gauisi sunt inquam illi valde in
problematis indagatione. Ab Apollonio nanque
edictum videtur communiter considerare: nam
sic circunfertur. Quod verò à nobis rursus labo-
riose conscriptum visum est, ea quæ ex commen-*

tatione deprehendi, tibi difcutienda effe cenfui
propter eam quæ in omnibus difciplinis, & in
Geometria præcipue promotionem adhibetur, vt
prompte ea quæ dicentur, poßis indicare, tum propter beneuolentiam erga patrem, tum ob amorem
erga nos. Benigne igitur audies ea quæ tibi trade-
mus. Sed tempus iam esto proœmio fuperfedere,
& conftructionem exordiri.

Propofitio   I

Quæ ex centro alicuius circuli in pentagoni
latus in eodem circulo defcripti perpendicularis
acta, dimidia est fimul vtriufque, & eius quæ ex
centro, & eius quæ decagoni in eodem circulo defcripti.

2

Idem circulus comprehendit & dodecahedri
quinquangulum, & icofahedri triangulum in
eadem fphæra defcriptorum.

3

Si fuerit pentagonum æquilaterum & æquiangulum, & circum ipfum circulus, & ex centro perpendicularis in vnum latus acta fuerit,
quod trigefies fub vno laterum & perpendiculari, æquum est ipfius dodecahedri fuperficiei.

4

Hoc demonftrato oftendendum est, quod erit
vt dodecahedri fuperficies ad icofahedri fuperfi-

ciem: sic cubi latus ad icosahedri latus.

EVCLIDIS
Liber decimusquintus.

Propositio I.

In dato cubo pyramida describere.

2

In data pyramide octahedrum describere.

3

In dato cubo octahedrum describere.

4

In dato octahedro cubum describere.

5

In dato icosahedro dodecahedrum inscribere.

FINIS.

PARISIIS.
Excudebat Thomas Richardus.
1549.

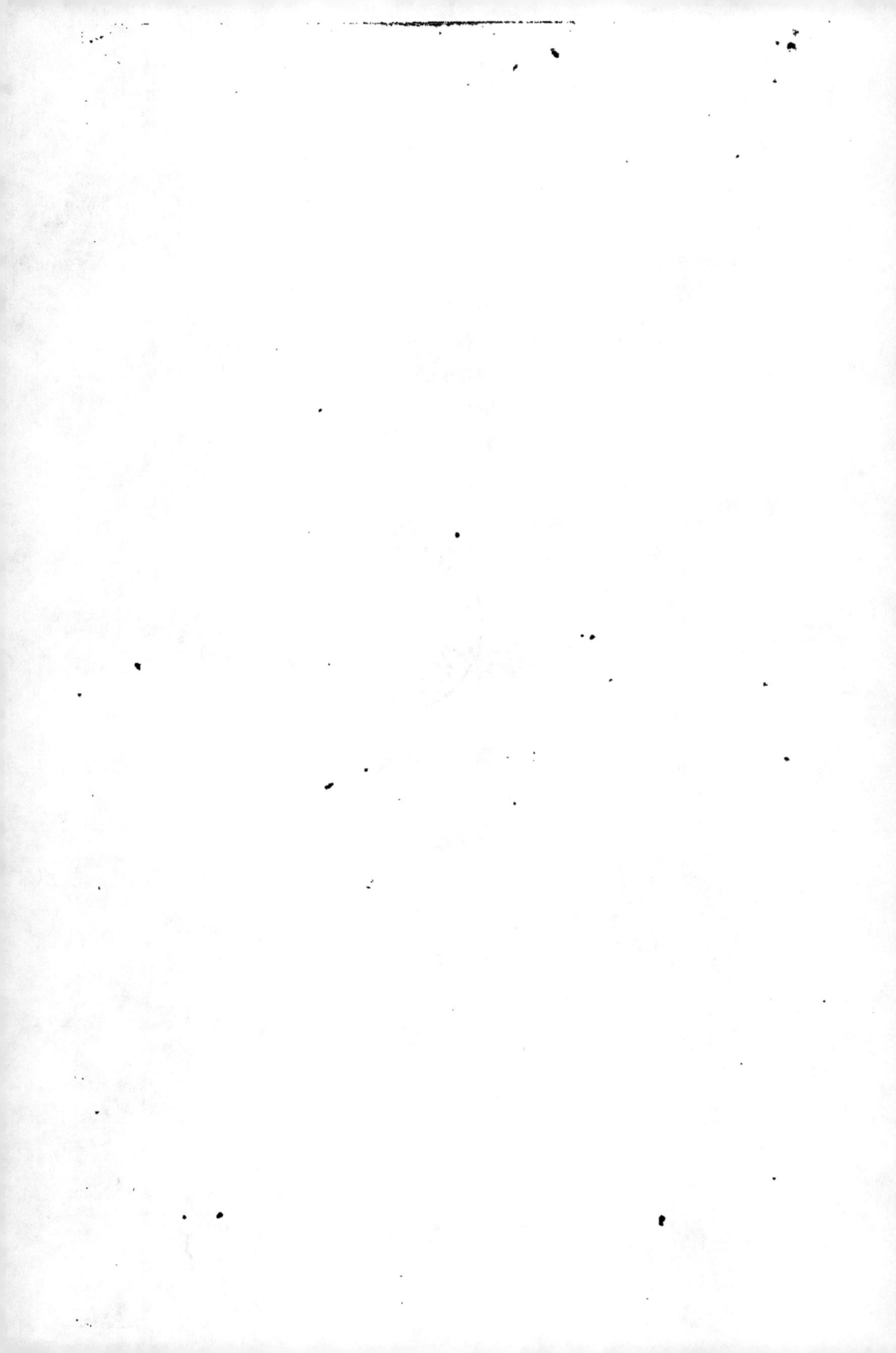